应用型普通高等院校艺术及艺术设计类规划教材

工业设计史

主编 付治国 张艳平 李

副主编 王华杰 薄其芳

北京理工大学出版社
BEIJING INSTITUTE OF TECHNOLOGY PRESS

内容提要

本书共分为八章，沿着工业设计发展脉络，以科学、严谨的态度，主要讲述了工业革命前的设计、工业设计产生的酝酿探索时期、工业设计的形成时期、工业设计的发展时期、后工业社会工业设计的发展、多元化设计风格与流派、欧美现代设计发展以及非物质理念下的设计。

本书可作为高等院校艺术设计类专业学生的教学用书，也可作为企业中从事设计研发的设计人员和管理工作者的参考用书。

版权专有　侵权必究

图书在版编目（CIP）数据

工业设计史 / 付治国，张艳平，李靖主编.—北京：北京理工大学出版社，2019.7（2019.8重印）
ISBN 978-7-5682-7252-0

Ⅰ.①工⋯　Ⅱ.①付⋯ ②张⋯ ③李⋯　Ⅲ.①工业设计—历史—世界—高等职业教育—教材　Ⅳ.①TB47-091

中国版本图书馆CIP数据核字（2019）第143390号

出版发行 / 北京理工大学出版社有限责任公司	
社　　址 / 北京市海淀区中关村南大街5号	
邮　　编 / 100081	
电　　话 /（010）68914775（总编室）	
（010）82562903（教材售后服务热线）	
（010）68948351（其他图书服务热线）	
网　　址 / http://www.bitpress.com.cn	
经　　销 / 全国各地新华书店	
印　　刷 / 河北鸿祥信彩印刷有限公司	
开　　本 / 787毫米×1092毫米　1/16	责任编辑 / 江　立
印　　张 / 12	文案编辑 / 赵　轩
字　　数 / 276千字	责任校对 / 杜　枝
版　　次 / 2019年7月第1版　2019年8月第2次印刷	责任印制 / 李志强
定　　价 / 35.00元	

图书出现印装质量问题，请拨打售后服务热线，本社负责调换

前言 Foreword

在工业设计课程体系中，工业设计史是学生进入大学后接触最早的专业理论课程，也是专业核心课程，在工业设计专业的培养体系中占有十分重要的地位。

在多年的设计史教学过程中，编者发现大部分学生觉得掌握了历史上的经典设计作品就理解了设计发展的历史，不愿深入学习、探究设计历史发展脉络，从而导致其分不清楚设计风格、设计师与设计作品。实际上，设计发展史中所有的运动、风格的成因都是有关联的，学生只有自己体会到这种承前启后的关联性的脉络，才能对设计内涵有更深刻的认知。

编者希望学生通过了解工业革命以后设计发展演变的脉络，学习各种设计学派、设计风格、著名设计师及其作品特色后能够借鉴历史经验，联系实际，学以致用，能正确理解工业设计内在的动力和源泉，把握工业设计的未来发展。

本书针对高等院校工业设计专业编写而成，理论性较强，可作为高等院校艺术设计类专业的教学用书，也可作为企业中从事设计研发的设计人员和管理工作者的参考用书。同时对于一些业余设计爱好者来说，通过对设计历史发展、设计风格思潮以及设计师经典设计案例的解读，可以起到普及教育的作用。

本书从开始构思到顺利完成历时三年多，得益于各位同人的通力合作。其中辽宁工程技术大学张艳平老师负责主体脉络构架，并编写了第三章、第七章；上海工艺美术学院王华杰老师编写了第一章；山东科技大学薄其芳老师编写了第二章；辽宁石油化工大学李靖老师编写了第四章、第五章；辽宁工程技术大学付治国老师编写了第六章、第八章。全书由张艳平、付治国统稿，辽宁工程技术大学邢浩然同学负责书稿中部分图片与文字的整理工作。辽宁工程技术大学的部分研究生也做了部分文字编辑工作。同时，在本书编写过程中翻阅了大量的书籍、著述，在此，特向相关学术领域中的前辈表示诚挚的谢意。书中部分图片和文字资料来源于网络，由于种种原因，没能及时联系到所有作者，万望海涵，在此一并表示感谢。

由于编者的水平和知识结构有限，研究尚欠深入，书中难免会有疏漏、表达欠妥之处，恳请读者和专家给予批评和指正，更希望阅读过本书的学术前辈、同人和同学以及相关专业人士，能把好的建议和想法反馈给编者，以便日臻完善。

编 者

第一章　工业革命前的设计 / 001

第一节　设计的萌芽阶段 / 001
第二节　手工艺设计阶段 / 003

第二章　工业设计产生的酝酿探索时期 / 015

第一节　新古典主义 / 015
第二节　美国制造体系 / 017
第三节　"水晶宫"国际工业博览会 / 019
第四节　工艺美术运动 / 023
第五节　新艺术运动 / 028

第三章　工业设计的形成时期 / 040

第一节　德意志制造联盟 / 040
第二节　荷兰风格派 / 049
第三节　俄国构成主义 / 054
第四节　柯布西耶与机器美学 / 059
第五节　密斯与"少就是多" / 062
第六节　格罗皮乌斯与包豪斯 / 063

第四章　工业设计的发展时期 / 074

第一节　艺术装饰风格与流线型风格 / 074
第二节　美国工业设计的兴起 / 082
第三节　理性的欧洲现代工业设计 / 094
第四节　斯堪的纳维亚设计思想及风格特征 / 102
第五节　战后崛起的日本工业设计 / 111

第五章　后工业社会工业设计的发展 / 118

第一节　波普风格 / 118
第二节　后工业社会与后现代主义设计 / 123
第三节　后现代主义设计理念及运动（意大利反主流设计）/ 130

第六章　多元化设计风格与流派 / 134

第一节　新现代主义 / 134
第二节　高科技风格 / 136
第三节　过渡高科技风格 / 139
第四节　简约主义风格 / 140
第五节　微建筑风格 / 141
第六节　微电子风格 / 143
第七节　解构主义风格 / 144
第八节　人性化设计 / 148
第九节　绿色设计 / 153
第十节　情趣性设计 / 159

第七章　欧美现代设计发展 / 163

第一节　德国现代设计 / 163
第二节　美国现代设计 / 169
第三节　北欧现代设计 / 171
第四节　意大利现代设计 / 175

第八章　非物质理念下的设计 / 179

第一节　非物质设计概述 / 179
第二节　非物质设计的特征 / 182

参考文献 / 186

第一章 工业革命前的设计

设计是人类为了实现某种特定的目的而进行的一项创造性活动,是人类得以生存和发展的最基本的活动之一,它包含了一切人造物品的形成过程。设计的历史就是人类的创造史,从人类设计活动的历史阶段可将设计的时段划分为工业革命前的设计和工业革命后的设计。其中,工业革命前的设计大致可分为两个阶段:一是设计的萌芽阶段;二是手工艺设计阶段。

第一节 设计的萌芽阶段

设计的萌芽阶段可以追溯到旧石器时代,人类早期使用的石器一般是打制成形的,较为粗糙,通常称打制石器时代为"旧石器时代"。世界上最早的石器出土于坦桑尼亚奥杜威峡谷的砍砸石器,距今约300万年至50万年,现藏伦敦大英博物馆,是收藏最古老的文物,也是世界上已知最早的人工制品之一(图1-1)。

一、设计概念的产生

设计概念产生的初期,生存的需求和劳作起到了绝对重要的作用。人类最初只会用天然的石块或棍棒作为工具,随后渐渐学会了挑选石块、打制石器,作为敲、砸、刮、割的工具,这种石器就是人类最早的产品。当原始人类拿起石头敲出人类文明的曙光时,他们同样开凿了设计的大门。在经过千万次的实验后,人类懂得了如何选材、造型以及装饰的方法。在此阶段设计的特征主要表现为用原始的材料简单加工制作成各种工具,设计的意识和技能比较简单。

图1-1 砍砸石器

原始人类把经过挑选的石头打制成石斧、石刀、石锛等各种工具，并加以磨光，使其工整锋利，并且将其钻孔用以装柄或穿绳。与旧石器时代的产品相比，更具有了新的"价值"，这个时代被称为"新石器时代"。经过磨制的精致石器显示了卓越的美感和制作者对于形的控制能力。在石材选料上也十分注意硬度、形状、纹理等要素，以符合不同的使用条件和加工需求。

"新石器时代"的石器具有了物质功能以外的精神功能（图1-2）。这体现了人类初期设计活动中"有意识"的实践过程，完成了初期的产品功能性和形式感相统一的设计尝试。这一时期的石器艺术造型技术方面要高于旧石器时代。设计作品的种类主要包括壁画、陶器、巨石建筑、服饰设计等。

从遗存的大量石器的造型来看，原始先民已经能有意识地、有控制地寻找、塑造具有一定形体的石器，使之适应某种生产或生活的需求。这些形体作为有意识的物化形态，体现了功能性与形式感的统一。

图1-2　石箭镞

二、从物化到早期的精神设计

生存设计是指在人类生存的开始，由于生存的能力有限，延续和维持生命成为决定人类（早期的设计师）的重要设计目标。随着人类的进步，在进行生存物品创作的过程中，设计师开始注重功能以外的产品形式的美感。例如，山顶洞人使用的生活工具就已经开始考虑功能和美感的双重属性（图1-3）。

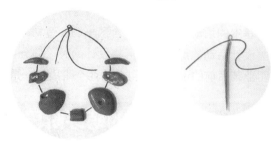

图1-3　山顶洞人使用的生活工具

在设计的萌芽阶段产生了初期的传播符号，早期的文字有两个来源：一个是图画，另一个是记号。由这两个来源创造出的文字就是象形字和指事字。考古学家发现，我国早期用刻画符号的方法记事产生于仰韶文化时期（公元前5000年—公元前3000年），而距今8 000—7 000年的老官台文化则是最早出现的采用彩绘符号来进行记事的文化。这些彩绘符号都具有一定的记事意义图（1-4）。

大汶口文化分布在山东省、江苏省北部、河南省东部一带，这充分体现了新石器时代当地原始人类的社会经济和文化生活状况。大汶口文化中使用的陶文，时间上早于

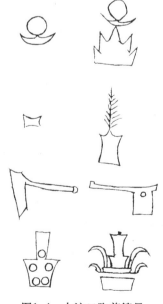

图1-4　大汶口陶尊符号

殷商时期的甲骨文。从笔画形体上来看，甲骨文又继承了陶文的某些造字方法，因而陶文成为迄今为止我国发现最早的图画文字。有人认为，它们只是原始记事范畴的符号或图形体系，是一种原始文字。

经过不断的设计实践，在漫长的设计萌芽阶段，虽然人类的设计进步缓慢，但正是这种漫长的积累奠定了人类设计文明的基础。

第二节　手工艺设计阶段

手工艺设计阶段从原始社会后期开始，经过奴隶社会、封建社会，一直延续到了工业革命前期。在人类漫长的发展历程中，人类创造了光辉灿烂的手工艺设计，各地区、各民族都形成了具有鲜明特色的设计传统，在设计的各个领域，如建筑、金属制品、陶瓷、家具、装饰、交通工具方面，都留下了无数的杰作，这些丰富的设计文化正是今天工业设计发展的源泉。手工艺设计阶段具有两个重要的特点：

（1）设计的产品多为功能简单的生活用品。

（2）设计、生产和销售一体化，消费者和设计者彼此熟悉，作品优良而且产量不高，专属性强。

设计反映着时代的思想，由于各个国家不同的历史发展特点，形成了各自不同的设计发展轨迹，因此，本节将从我国的手工艺设计和国外的手工艺设计来讲述手工艺设计阶段发展的概况。

一、我国的手工艺设计

我国的手工艺设计种类繁多，源远流长，这和中华几千年的文明积淀密不可分，这对于世界传统的文明做出了非常大的贡献，其中尤以陶器、陶瓷、青铜器和家具为代表的手工艺派别影响深远。

1. 陶器

陶器的发明是氏族社会形成的重要成就，通过火的应用，使泥土改变内在的性质。这是通过人力改变天然物质的开端，是人类发明的重大成就。新石器时代早期（距今约7 000—8 000年），我国的先民就已经开始制作陶器，由于当时人类的社会生产力低下，社会的物质文明程度不高，最早是用手捏制，因而导致了陶器的粗糙、不精良的特点。早期的陶器在造型上更多的是借用了当时现有物品的造型（如篮子、葫芦、皮带等）。

在新石器时代晚期的仰韶文化、屈家岭文化、河姆渡文化、大汶口文化、龙山文化等十几个文化遗址的挖掘中，出土了大量的陶器，其主要品种有灰陶、彩陶、黑陶、几何印纹陶等。

原始彩陶器是指绘有黑、红色花纹的红褐色或棕黄色陶器。彩陶的纹饰又多以几何形出现，手法粗糙，构图新颖流畅，表现了当时我国制陶的技艺水平。龙山文化的黑陶少有装饰，却整体浑圆端正，器壁薄而均匀，表现出了惊人的技巧。陕西半坡遗址出土的彩陶盆，造型简洁优美，而且非常实用，与现代的盆器很相似。表面通常饰有鱼形花纹，是半坡文化的代表装饰纹样（图1-5）。陕西临潼出土的用于汲水和存水的小口尖底瓶，其两耳位置适当，可用于系绳，以便提起和控制倒水量。同时在瓶身绘制了各种优美的图案，集实用与装饰美于一身（图1-6）。由此不难看出，彩陶在功能、造型和装饰方面达到了完美统一，遵循了设计的一个基本原则，即实用功能和形式美感相结合的原则。

图1-5　彩陶盆

图1-6　小口尖底瓶

陶器的造型，一般是为了满足生活需求而设计的。鬲（lì）（图1-7）是陶器中最常见的煮食器皿。从出土文物看，史前很多地方都用过陶制尖底瓶。瓶的形状多样，但基本特点是小口、突腹、尖底，偏上有双耳，重心在耳上。使用时，一提绳子，重心前倾，口朝下，便于汲水。水半满时，重心下垂，瓶立，又进水使瓶满，这时重心又在上部，易倾斜，出水，可倒出（尖底瓶用在江河泉中汲水，在井中汲水用陶罐）。尖底瓶可以汲水，但不可以煮水，而且也放置不平稳，于是人们便将三个尖底瓶捏在一起制成了陶鬲。陶鬲的三个腹足站立很稳，里面可以储水，架上干柴又可以煮水，非常实用，是当时生活中的必需器具。甗（yǎn）（图1-8）是古代蒸煮用的炊具，上下两层，上部用以盛放食物，称为甑（zèng），甑底是一有穿孔的箅，以利于蒸汽通过；下部是鬲，用于煮水，高足间可烧火加热。簋（guǐ）（图1-9）是古代用来盛食物的容器，簋的形制很多，变化较大。商代簋的形体厚重，多为圆形，侈口，深腹，圈足，两耳或无耳。器身多饰兽面纹，有的器耳做成兽面状。西周除原有式样外，还出现了四耳簋、四足簋、圆身方座簋、三足簋等各种形式，部分簋上加盖。簋是商周时重要的礼器，宴享和祭祀时，以偶数与列鼎配合使用。史书记载，天子用九鼎八簋，诸侯用七鼎六簋，卿大夫用五鼎四簋，士用三鼎二簋。

图1-7　鬲

图1-8　甗

图1-9　簋

周代的陶器应用到了建筑方面，如板瓦、瓦当、瓦钉等。两汉时期，釉陶大量替代铜质日用品，从而又使陶器得到了迅速发展。汉代的釉陶已发展到很高阶段，这是由陶向瓷过渡的桥梁。发展到隋唐，陶器也进入到一个繁荣成长的阶段。唐三彩是一种低温铅釉陶器，因经常使用黄、绿、褐三种色彩而得名，一般作为陪葬品，分为器皿、人物、动物三类，是我国古代陶器工艺的精品。

2. 陶瓷

陶瓷的发展是中华文明史的一个重要组成部分。我国作为四大文明古国之一，为人类社会的进步和发展做出了卓越的贡献，其中陶瓷的发明和发展更具有独特的意义，我国历史上各朝各代都有着不同的艺术风格和不同的技术特点。英文中的"china"既有中国的意思，又有陶瓷的意思，清楚地表明了我国就是"陶瓷的故乡"。

我国作为陶瓷的故乡，早在商代就出现了原始的瓷器，在宋代达到了鼎盛时期。宋瓷在设计上崇尚自然，在满足实用功能的基础上，造型和装饰多师法自然。宋瓷在设计上还有一个特点，就是印花工艺，用刻有花纹的陶模，在陶坯未干时印出花纹，实现批量的生产创新。例如北宋时期的均窑海棠花盆，其采用海棠花造型，形式优美，色泽可爱（图1-10）。

宋瓷工艺还利用釉在烧制过程中的"窑变"现象所产生的不规则色彩和裂纹做瓷器的自然装饰，而不附加任何其他装饰，师承自然，独具特色（图1-11）。

到了明代，以景德镇宣德青花瓷为代表的青花瓷器成为瓷器的主流，青花瓷胎质洁白细腻，青花颜料采用南洋传入的"苏泥勃青"，色调深沉雅静，浓厚处与釉汁渗合成斑点，产生深浅变化的自然美。由于青花瓷器在制作工艺上是先在瓷胎上绘制图案，再上釉烧制，从而使图案受到保护，经久不坏（图1-12）。

图1-10　北宋时期的均窑海棠花盆　　图1-11　宋哥窑鱼耳炉　　图1-12　明代宣德青花大罐

3. 青铜器

铜是人类最早冶炼和使用的金属，起先人们炼出来的是纯铜，后来用铜和锡制成合金青铜。夏朝、商朝和周朝统称为青铜时代，青铜在商朝处于鼎盛时期。青铜制成的产品主要有炊器、食器、酒器、水器、乐器、车马饰、铜镜、带钩、兵器、工具、度量衡等。

在制作青铜器的过程中，熔铸法是制作青铜器的首要制法，早期采用陶范法，根据泥模制成内范，浇注后得到与泥模一样的制品。战国时期，失蜡法出现，它是用蜡制作成器型，蜡受热后溶解成液体从腔体里流出，铸造物替代蜡型成为物件。用失蜡法铸造的青铜器图案精细，表面光滑，精度很高。

同时在青铜器上形成了纹饰，纹饰形制精美，最常见的纹饰有云纹、雷纹、饕餮纹、蝉纹、圆圈纹等。如后母戊鼎和四羊方尊代表了我国青铜器制作工艺的最高成就（图1-13）。

图1-13　后母戊鼎和四羊方尊

4．明清家具

我国的家具工艺历史悠久，但是种类并不是很多。唐朝以前人们大多席地而坐，宋朝时才渐渐采用桌椅，家具在明朝达到了鼎盛时期。明朝家具的突出特点是选材考究，多采用名贵的木材，如紫檀、花梨、红木、铁梨木等，有时也用楠木、胡桃木、榆木等。南方出产的木材质地坚硬、纹理密致、色彩幽润。这些材质对于家具的造型结构和外观具有很大的影响。由于材料考究，所以明朝家具具备了充分追求本身质感的条件，达到了硬、滑、素和净的艺术效果。

明朝家具发展的主要原因是园林建筑的兴起。园林建筑自从五代到明朝已经非常兴盛，家具作为园林建筑室内陈设的重要组成部分，自然也需要相应的发展，在园林建筑中，家具根据建筑的特点形成了与其配套的样式风格。另外，丰富的木材资源和木工工具的发展也为家具的发展产生了深远的影响。

明朝家具包括椅凳类、几案类、床榻类、台架类等具有代表性的产品种类。如圈椅是明朝家具中的经典之作，造型古朴典雅，线条简洁流畅，体现了我国文化观念中"天圆地方"的宇宙观念（图1-14）。

明朝家具的工艺体现在以下几个方面：第一，注重意匠美，设计构思既满足功能要求，又具有形式特色，兼具人机工程学和美学的双重考量；第二，注重材料美，利用木材的本色和纹理而不加遮饰，忠于自然和材料本身的特点；第三，注重结构和工艺美，注重家具的造型，采用榫卯结构等独特工艺，型面处理简洁利落。有学者将明朝家具的艺术特点总结为：简、厚、精、雅。

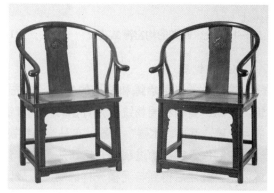

图1-14　明朝圈椅

清朝家具在造型和结构上仍然继承了明朝家具的传统,家具的装饰和雕刻大量增多,并利用玉石、陶瓷、珐琅等工艺作为镶嵌,这反而破坏了家具的整体形象。这种趋势到清朝后期更加明显,但这使产品往往流于庸俗和匠气,在艺术上缺乏较高的美学境界。

二、国外的手工艺

工业革命前的国外手工艺设计发展呈现出丰富多彩的格调。现代工业设计是从国外发展起来的,要探求工业设计的源流,就必须了解国外的手工艺设计,特别是欧洲手工艺设计发展的脉络。

1. 古埃及的设计

埃及是世界上最古老的国家之一。在建筑艺术上追求震慑人心的力量,创造出了气势恢宏的金字塔和卢克索神庙(图1-15和图1-16)。石头是埃及的主要自然资源,利用石材加上手艺精湛的技师完成了生产工具、器皿、日用家具和精致的装饰品的制作。埃及金字塔最成熟的代表是建于开罗近郊的吉萨金字塔群(公元前27—前26世纪),它由三座巨大的金字塔组成。这三座巨大的金字塔都是精确的正方锥体,其中最大的一座是胡夫金字塔,高146.5米,底边长230.6米,是人类设计史上最杰出的作品之一。

图1-15 埃及金字塔

图1-16 卢克索神庙

埃及早期的家具造型线条比较僵硬,包括靠椅的靠背板都是直立的。后期的家具背部加有支撑,这表明设计师开始注意到了家具的舒适性。埃及家具最辉煌的代表是第十八王朝的年轻国王吐坦哈蒙的随葬家具(图1-17)。埃及的家具等级明显,在发展的过程中,埃及人为多种家具定下了图案和样式的标准,这是初期的标准化尝试。

2. 古希腊的设计

古希腊是欧洲文化的摇篮,在设计上同样也是西欧设计的开拓者,特别是建筑艺术,深深地影响着欧洲2 000多年的建筑设计。古希腊手工业发达,古代诗人荷马的史诗曾经提到了镀金、雕刻、上漆、抛光、镶嵌等工艺技术,并列举了桌、长椅、箱子、床等不同品种的家具。与古埃及的家具相比较,古希腊的克里斯姆斯靠椅线条极其优美,从力学角度上来说是科学的,从舒适度上而言也是优秀的(图1-18)。

古希腊的建筑同样具有强烈的艺术感,它不以宏大雄伟取胜,而以端庄、典雅、匀称、秀美见长。古希腊建筑的最高成就就是雅典的阿克罗波利斯(又称"雅典卫城")。在建筑的四周用柱子进行建构，柱式一般有多立克柱式、爱奥尼克柱式、科林斯柱式（图1-19）。首先是多立克柱式，它粗大雄壮、朴实刚劲，呈现出一种阳刚之美，又被称为男性柱，雅典卫城的帕特农神庙即采用这种柱式。其次是爱奥尼克柱式，其柱子修长、优美精巧，柱头上的大卷向外装饰，展示出女性美，如胜利女神神庙和伊瑞克提翁神庙都用了这种柱式。最后是科林斯柱式，它在爱奥尼克柱式上发展，形状更加纤细，装饰更加华丽，雅典的宙斯神庙采用的就是科林斯柱式。这些建筑的样式对于古罗马和欧洲的建筑风格产生了重大的影响。

图1-17　吐坦哈蒙的法老王座　　图1-18　古希腊的克里斯姆斯靠椅　　图1-19　古希腊的三种柱式

3. 古罗马的设计

古罗马的设计直接继承了古希腊设计的成就，并把它向前推进。随着青铜器翻模技术的日趋成熟，开始用翻模方法大量生产优质的仿金属陶器，也出现了专门的设计师。最突出的是青铜家具的涌现，罗马家具的铸造工艺达到了惊人的地步，许多家具的腿部背面都被铸成了空心，不但减轻了家具的质量，而且强度也比较高。罗马的建筑典范当属罗马的角斗场（图1-20），产生了经典的罗马拱券等建筑结构。

图1-20　罗马的角斗场

4. 文艺复兴后的设计

文艺复兴是指14世纪末在意大利各城市兴起，随后扩展到西欧各国，于16世纪在欧洲盛行的一场思想文化运动。它揭开了现代欧洲历史的序幕，被认为是中古时代和近代的分界。新兴的资产阶级中的一些先进的知识分子借助研究古希腊、古罗马艺术文化，通过文艺创作，宣传人文精神。文艺复兴期间，欧洲在各个领域取得了非凡的成就，尤其是文学艺术领域。

文艺复兴时代一反中世纪刻板的设计风格，追求具有人情味的曲线和优美的层次，并把眼光重新投向古代艺术，试图从希腊和罗马的古典艺术中汲取营养。

到了17世纪，随着文艺复兴的衰落，欧洲进入了浪漫时期，浪漫时期的设计风格表现为巴洛克式和洛可可式。

巴洛克的原意是指畸形的珍珠，专指珠宝表面的不平整感，后被人们用作一种设计风格的代名词。这种风格一反文艺复兴的庄严、含蓄和均衡，追求豪华、浮夸和矫揉造作的表面效果。在装饰上，巴洛克式设计风格喜欢用大量的壁画和雕刻，璀璨缤纷，富丽堂皇，富有生命力和动感。这种设计风格集中体现于天主教的教堂上（图1-21），并影响到了家具和室内设计。

洛可可的原意是指岩石和贝壳的意思，特指盛行于18世纪法国路易十五时代的一种艺术风格，主要体现在建筑的室内装饰、家具等设计领域。如法国18世纪的洛可可家具（图1-22），其基本特征是具有纤细、轻巧的妇女体态的造型，华丽和烦琐的装饰，在构图上有意强调不对称性。装饰的题材有自然主义的倾向，最喜欢用的是千变万化地舒卷着、纠缠着的草叶，此外还有蚌壳、蔷薇和棕榈。洛可可式设计风格的色彩十分娇艳，如嫩绿、粉红、猩红等，线脚多用金色。

图1-21　法国凡尔赛宫

图1-22　法国18世纪的洛可可家具

三、工业革命对设计的影响

工业革命始于18世纪60年代，是指资本主义工业化的早期历程，即资本主义生产完成了从工场手工业向机器大工业过渡的阶段。工业革命是以机器取代人力，以大规模工厂化生产取代个体工场手工生产的一场生产与科技革命。

由于机器的发明及运用成了这个时代的标志，因此历史学家称这个时代为"机器时代"。18世纪中叶，伴随着瓦特对以煤炭为主要燃料的蒸汽机的改进，生产动力不再依靠人力和畜力，工厂不再依河或溪流而建造，工匠们在实践经验中摸索出一系列的技术革命，引起了以机器取代人力、以大规模工厂化生产取代个体工场手工生产的过渡机器的发明及运用并成为工业革命的标志。

到19世纪后半期，随着资本主义经济的发展、自然科学研究的重大进步，各种新技术、新发明被更紧密地结合和应用于各种工业生产领域，社会经济进一步发展。

工业革命完成了由传统手工艺到现代设计的转折，随之而来的工业化、标准化和规范化的批量产品的生产为设计带来了一系列变化。

首先，设计行业开始从传统手工制作中分离出来。在传统的劳动过程中，往往由人扮演着基本工具的角色，能源、劳动力和传送力基本上是由人来完成的，而工业革命则意味着技术带来的发展已经过渡到另一个新阶段，即以机器代替手工劳动工具。

其次，新型的能源与新材料的诞生及运用。为设计带来全新的、更为广阔的发展，改变了传统设计中的材料构成和结构模式，最为明显的变革出现在建筑行业，传统所使用的砖、木、石结构逐渐被钢筋、水泥、玻璃构架所代替。

最后，设计的内部和外部环境发生了变化。当标准化、批量化成为生产的目的时，设计的内部评价标准就不再是"为艺术而艺术"的生产，而是为"工业而工业"的生产。对于设计的外部环境的变化，市场的概念应运而生，造成了消费者需求的改变，经济利益的追逐，成本的降低，竞争力的提高以及设计的受众、要求和目的的改变。

1. 手工艺设计面临挑战

1851年英国伦敦举行了第一届世界博览会。在第一届世界博览会上，"水晶宫"是为世界博览会展品提供展示的一个场馆（图1-23）。它由玻璃和铁构成，展馆建筑成了第一届世界博览会中最成功的作品，共用去铁柱3 300根，铁梁2 300根，玻璃9.3万平方米，从1850年8月到1851年5月，总共施工时间不到9个月。"水晶宫"的建立使得建筑界在新材料和新技术的运用上达到了一个新高度；新材料的运用在一定程度上能够缩短施工时间，因此水晶宫成为第一届世界博览会的标志。

图1-23　第一届世界博览会的水晶宫展馆

工业革命的产生让工业生产成为人类创造物质财富的主要方式，其影响涉及人类社会生活的各个方面。面对工业生产，传统手工艺生产方式终结的同时，机械化、批量化的大生产也促使社会各个行业、各个工种的分工更为细化，导致了设计、生产与销售的分离，使它们成为各自独立又相互衔接的环节。

工业革命的另一个成就是矗立在塞纳河南岸法国巴黎战神广场的埃菲尔铁塔（图1-24）。1889年正值法国大革命爆发100周年，法国人希望借举办世界博览会之机留给世人深刻的印象，尤其是在1851年伦敦举办万国博览会取得了空前的成功之后，巴黎更是不甘落后。埃菲尔铁塔高300米，天线高24

图1-24　埃菲尔铁塔

米，总高324米，铁塔是由很多分散的钢铁构件组成的，看起来就像一堆模型的组件。其钢铁构件有18 038个，重达10 000吨，施工时共钻孔700万个，使用1.2万个金属部件，用铆钉250万个。除了四个脚是用钢筋水泥之外，全身都是用钢铁构成，共用去熟铁7 300吨。

工业革命初期，大批机械化生产的拙劣、粗糙的工业产品出现在市场上，与原来个体工场传统手工生产出的艺术产品大相径庭，这种工业制品与消费者需求之间的冲突恰恰反映了工业振兴和设计危机的矛盾。在这种生活与生产的巨大变革过程之中，引发了在英国一场名为"艺术与手工艺"的艺术运动，它不仅拉开了现代设计的序幕，也触动了现代设计教育的萌芽。

英国19世纪末的工艺美术运动首次明确提出科学、工业和艺术要相结合的观点，主张国家和政府应该有计划地组织和管理市政的设计与工业制品的设计。设计作为一种贯穿生产始终的思想方法，有计划、有目的地协调和管理生产的各个环节，为当时的英国工业振兴之路发挥了重要作用。

在工业革命之后，英国拥有了先进的科技与工业化的生产，强大的海军不断地扩张着大不列颠的领土，冒着滚滚浓烟的烟囱、烧着煤炭的工厂在英伦半岛上随处可见，伦敦已变成著名的雾都，其他的工业化城市也终日乌云密布、不见天日。工业化的大生产为了支撑这个日不落帝国的野心引发了一系列的问题：空气的污染、工厂与工人的相对密集、恶劣的生产环境导致肺结核的蔓延、个性化产品在工业化生产中被吞噬。在作家约翰·拉斯金（John Ruskin）和诗人威廉·莫里斯（William Morris）等人的带领下，艺术家们开始抵抗因为工业革命的批量生产所带来的设计水平下降的改良运动，希望重建手工艺的价值，要求塑造出"艺术家中的工匠"或"工匠中的艺术家"，试图通过设计改良运动来改变在装饰艺术、家具、室内产品、建筑等领域的颓势。他们的这一理念引发了世界共鸣。

工艺美术运动也有其先天的局限性，英国是世界上最早工业化和最早意识到设计重要性的国家，但却未能最先建立起现代工业体系。工艺美术运动推崇的是手工艺的精细漂亮，反对大工业生产的粗制滥造。工艺美术运动很快从英国传播到欧洲大陆、美国及日本。自工艺美术运动之后，人们对产品设计与其功能的关系予以特别的重视，从某种意义上讲，工艺美术运动为设计指明了正确的方向，推动了工业产品设计这一新生事物的发展，所以工艺美术运动被视为现代设计的开端。

2. 现代设计的兴起和反思

工业革命带来的变革主要体现在以下几个方面：

第一，生产技术上的革新。生产技术上的革新，解放和提高了社会生产力，促进了商业的发展，加剧了市场竞争，随之带来的是人类社会政治、经济、文化的改观和劳动性质、社会结构及社会生活方式的变革。

第二，机械化的生产方式实现了产品大批量的生产。这改变了传统手工艺设计的生产一体化的产品生产方式，从而导致了产品设计与生产过程分道扬镳，设计成为一个独立的部门。

第三，引发了劳动性质及方式的改变——从手工业到机械化的转变。在工业革命的条件下，以农业为主的社会结构转换成为以工业为主导的社会结构。机器使产品生产的周期加快但也同时使其价格更为低廉，这就造成了手工业走向衰落。

由于各个国家工业发展的水平、历史传统的沿袭以及社会构成特色的千差万别，工艺美术运动在世界各国传播的过程中被迅速的本土化。例如，在挪威、芬兰和俄罗斯，工艺美术运动主要追求工艺技术的革新和对传统美学因素的挖掘；而在德国，艺术家们却认为英国的同行们过于极端的反工业化，他们则倾力探索和寻找在工艺、艺术与工业之间的平衡点。

3．工业成熟期的设计

工业革命除了间接性导致现代设计的产生之外，19世纪末内燃机的发明与在汽车上的广泛应用，推动了石油开采业的发展和石油化工工业的产生，为"石油时代"和"汽车时代"的到来提供了物质技术条件。1886年，德国人卡尔·本茨制造出世界上第一辆以汽油为动力的三轮汽车，并于同年1月29日获得专利（图1-25）。汽车的出现成为工业革命的重要产物，一方面为人们的出行带来了极大的便利，另一方面也推动了现代设计的发展。

工业革命同时也推进了人工合成材料等高新技术的探索与应用，塑料产品就是这个时期中最具有时代性与典型性的工业制品。

丹麦著名工业设计师维尔纳·潘顿（Verner Panton）通过对玻璃纤维增强塑料和化纤等新材料的试验研究，在1959年试验完成了全世界第一张用塑料一次模压成型的S形单体悬臂椅——闻名全球的"潘顿椅"（图1-26）。它也是人类史上首件一体成形的塑料家具，是现代家具史上的一次革命性突破。直到1968年，潘顿与美国米勒公司的合作才找到了强化聚酯材质，使这个线条优美、色彩艳丽、坚硬轻巧的作品才得以生产。

1851年伦敦举办了盛况空前的水晶宫万国博览会，米歇尔·托纳（Michael Thonet）的曲木胶合椅获得铜奖。这让他的产品获得了巨大的国际声誉。八年后，他在第4号椅的基础上研制出了第14号椅（图1-27），并在1867年的巴黎世界博览会上一举夺得金奖。相比之前的设计，托纳省略了卷草装饰，使得整个设计没有一丝冗余的部分。6块弯曲木、10枚螺丝和2个螺母是第14号椅的全部零配件。每一个零件都可以用同型号的零件替换，人们可以很容易地把这些部件组装起来，又可以很容易地把一张椅子拆卸成独立的部件。这个特点使其极易被包装和运输：1立方米的箱子里可以装下36把拆分好的椅子零件（图1-28）。随之而来的是第14号椅在欧洲乃至整个世界的畅销。到了1930年，这款椅子在70年的时间里已经卖出了5 000万把。而在当时欧洲最主要的消费场所——咖啡馆，这种集合了所有优点的椅子更是成为标配。因此，它有了另外一个更广为人知的名字——维也纳咖啡馆椅。这样的椅子惊艳了当时的全球家具界，它是一件超越时代和地域的永恒之作。当今维也纳最负盛名的中央咖啡馆（图1-29）和格林施泰德咖啡馆（图1-30），所使用的椅子都是第14号椅的不同改进型。

20世纪，整个世界都处在一种激动的气氛中，各种类型的工业产品出现在人们的生活中，包括飞机、轮船、电话、电报等，对于新的设计风格的诞生产生了深远的影响。

现代建筑是引领新的设计风格的重要载体，它表现出几个重要的特征：

第一是突出功能主义特征。强调功能为中心的设计诉求，讲究科学的设计，重视设计的科学性、经济性原则。

第二是提倡简单的几何造型。通过建立标准化和摒弃装饰来提高建筑的效率。

第三是注重对设计的整体考虑。重视对空间的考虑，反对在图版和图纸上进行设计，通过模型来确定设计的合理性。

图1-25　世界上最早的三轮汽车

图1-26　潘顿椅

图1-27　米歇尔·托纳的第14号椅

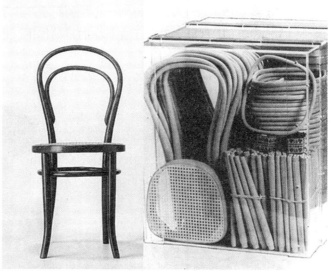

图1-28　第14号椅的全部零件

图1-29　维也纳中央咖啡馆

图1-30　格林施泰德咖啡馆

4. 后工业时期的设计

后工业时期是伴随着工业技术的成熟而产生的一个历史阶段。人们对于设计有了新的看法，设计更加的多元化和个性化，相对于工业的冰冷感，开始思考设计的温暖感。

从波普风格到行为艺术等多种情绪表达形式的出现丰富了设计的内容。这个时期的思潮批判理性主义，崇尚非理性；反对统一性、整体性，崇尚差异化。设计的形式呈现出装饰性、娱乐性、多变性、多元性、非理性等特点。

高技术风格在这个时期展现出以工业技术为主要特征，运用精细的技术结构，讲究现代工业材料和加工手段等特点。

后工业时期产生了诸多的设计产品，对于设计界而言，是一种对工业时代理性思考的一种反思。除了上述的艺术形式和思潮外，简约主义、新现代主义、未来风格等更多的设计探索出现在人们的视野里（图1-31）。

工业革命以技术的革新带动了人们生活和工作形式的极大变化，提高了人类的生存技能，丰富了人类的物质生活选择。虽然对于传统的行业产生了极大的冲击，也产生了很多的社会问题，但工业设计的产生正是基于工业革命的推动作用，也促使设计者重新思考"设计"在社会中的职责与作用。

图1-31 捷克布拉格的跳舞的房子

第二章 工业设计产生的酝酿探索时期

17世纪中叶到19世纪,英国先后经历了资产阶级革命和工业革命。工业革命创造了巨大的生产力,为科技的发展带来了动力,使资本主义启蒙思想得到了传播。工业革命后,新技术、新材料、新能源与新功能的要求不断促进设计风格的变化,设计成为迎合消费者趣味而得以扩大市场的重要手段,特别是随着社会的富足和批量消费成为现实,商业得到了发展与壮大,随之而来的是时代的变迁。

第一节 新古典主义

新古典主义又称革命古典主义,兴起于18世纪的罗马,并迅速在欧美地区扩展。从法国开始,革新派的设计师们开始对传统的作品进行改良简化,运用了许多新的材料和工艺,但也保留了古典主义作品典雅端庄的高贵气质。因此,这种对古典艺术形式的借鉴与对古希腊、古罗马形式的模仿成为主流,新古典主义风格很快取得了成功。

一、新古典主义兴起的原因

18世纪初的法国处在动乱与变革的前夜,在政治更迭、社会动荡的情况下,各个阶级、党派都在为自己的利益而斗争。国家政权仍在传统的封建贵族势力手中,他们牢牢地掌控着政治、经济与艺术资源。而作为进步势力的新兴资产阶级为了取得政治上的胜利,他们高举着"自由、平等、博爱"的旗帜号召人民与封建势力作斗争,反对巴洛克式和洛可可式艺术风格,赞扬古希腊的理想化艺术,对古罗马的共和制抱有好感,希望以重振古希腊、古罗马的艺术为信念。对古典艺术的追忆中饱含着对洛可可艺术中享乐主义的批判与反省,传统的风格和形式(洛可可式风格、巴洛克式风格)被过度装饰后开始走向自然的返璞归真。它们的出现,主要是因为新兴的资产阶级有政治上的需要,之所以要利用历史式样,是企图从古典文化中寻求思想上的共鸣，用语言导演出世界历史的新局面。

二、新古典主义的特点

新古典主义打破了传统的古典框架，它一方面强调要求复兴古代趣味，如古希腊风格、古罗马风格那种庄严、肃穆、优美和典雅的艺术形式；另一方面又极力反对贵族社会倡导的巴洛克式风格和洛可可式风格。它为资产阶级夺取政权和巩固政权服务，具有鲜明的现实主义倾向。

1. 遵循唯理主义观点

新古典主义认为艺术必须从理性出发，排斥艺术家主观思想情感，它注重古典艺术形式的完整，追求古典风格和简洁、典雅、和谐、节制的品质以及"高贵的淳朴和庄穆的宏伟"。在艺术形式上强调理性，在造型上注重素描和轮廓，注重雕塑般的人物形象，而对色彩不够重视，显得较为理性而自制。如新古典主义风格在建筑上追求物体形的单纯、独立和完整，追求细节的朴实，其形式符合结构逻辑，并且减少纯装饰性的构件，显示了人们对于理性的向往。如果说现代建筑创造的是一种工业化时代的技术美，那么新古典主义建筑创造的则是植根于后工业时代的一种有厚度的形式美。

2. 新古典主义风格

新古典主义风格体现在当时的产品上，其特点是放弃了洛可可式风格过分矫饰的曲线和华丽的装饰，追求合理的结构和简洁的形式，其构件和细部装饰喜用古典建筑式的部件。新古典主义风格的产品在各国的发展虽有共同之处，但多少也有些差异，在法国是以罗马式样为主，如法国座钟（图2-1），采用了古典柱式，整体形态简洁、利落。在英国、德国则是以希腊式样较多，其产品的设计形式朴素、实用，装饰细节上合理、适度，不单调，如乔治二世的衣橱基本上是一个朴素的四方盒子，四方形在顶层抽屉下的腰线和托架底座相互呼应下有了变化，底座上的脚将柜子稳当地放置在地板上而不显沉重（图2-2）。在柜子的制造方面，出现了以玻璃门占主要部分的大型立柜（图2-3）。这种立柜力图表现木材本身的纹理美，柜体造型以直线贯穿首尾，这大概可称得上是现代家具的先声。

图2-1　新古典主义座钟

图2-2　乔治二世的衣橱

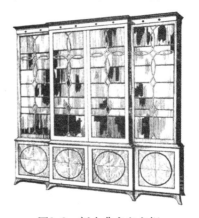

图2-3　新古典主义立柜

3. 打破传统的古典框架

将复杂烦琐的装饰凝练为含蓄雅致的设计，古典中注入现代简洁的设计，既承载了古典风格的文化底蕴，也体现了现代流行的时尚元素，这充分展现了古典与现代结合的精髓之美。如新古典家具大师谢拉顿（George Sheraton）设计的家具中以直线为主，强调纵向线条及其变化，喜欢用上粗下细的圆腿，且各种家具腿的顶端常用箍或轮子。谢拉顿的椅子精细而优美，尺寸比例适度，他设计的椅子重点装饰放置于靠背之上，造型变化多，但椅腿很少有曲线装饰，表现出单纯的结构感（图2-4）。他设计的五斗柜整体呈现为矩形，四排抽屉由下至上依次排列，逐渐增高，使简单形体在纵向上出现了一种有节奏的变化，给人以一种有韵律的美感（图2-5）。谢拉顿于1791年出版的《家具制造师与包衬师图集》和1802年出版的《家具辞典》是家具设计的百科全书，对整个家具界贡献巨大。

图2-4 谢拉顿设计的椅子　　　　　　　　图2-5 谢拉顿设计的五斗柜

新古典主义和西方历史上任何时期的古典复兴都不同，可以说，它是文化上的折中主义，美学上的自由主义。新古典主义风格是一种多元化的思考方式，将怀古的浪漫情怀与现代人对生活的需求相结合，兼容华贵典雅与时尚现代，反映出后工业时代个性化的美学观点和文化品位。

第二节　美国制造体系

19世纪初期，美国逐步取代了英国而成为世界上最强大的生产力量。随着欧洲互换式设计的影响以及美国机械化的速度，导致其缺乏廉价劳动力，因此在美国发展了一种新的生产方式，即"美国制造体系"。这种方式确定了现代工业化批量生产的模式和工艺，它影响了生产方法、生产的组织和协调、工艺特点、商品的市场开发以及产品的类型与形式等，因而也影响到了设计。

一、标准化产品的大批量生产

美国人在汲取了英国的水力、蒸汽力和机器工业生产方式的先进技术成果的基础上，建立了大批量生产的新的生产方式。美国人创造了很多全新的产品，它们发展迅速，十分引人注目。19世纪下半叶,美国出现了一些率先生产标准化机械和电器产品的新公司,如真空吸尘器、缝纫机、打字机、洗衣机等都是最先在美国大批量生产出来并投入市场的。南北战争之后,由于廉价生产劳动力的缺乏,促进了这些产业的发展。

二、产品零件具有可换性

产品零件具有可换性的基本方法大约从1800年开始在美国兴起。美国制造体系之父——怀特尼(Eli Whitney)于1798年向美国政府提出了用可替换的零件来制造燧发式枪机。对于现存的怀特尼滑膛枪的研究表明,其可互换的部件是有限的,怀特尼去世后,他的合伙人约翰·霍尔(John L. Hall)推动了可换性的发展,他重视精确度量和生产中的准确性这两个关键问题。从1824年开始,霍尔成功地将可替换部件生产方法用于滑膛枪全部部件的生产制作中(图2-6)。

到了19世纪中叶,美国制造体系的生产原理被其他发明家成功地运用到军火领域中。当时的军火商柯尔特(Samuel Colt)于1851年生产出"海军"型左轮手枪(图2-7),与霍尔的滑膛枪一样,最大限度地简化了每一个部件,其可互换部件的精密度使其成为沿袭多年的手枪的标准形式。美国制造体系的发展促进了兵器的生产,大量性价比高的武器供应导致了美国军队规模日益扩大,与邻国和内部土著发动了连绵不断的战争。

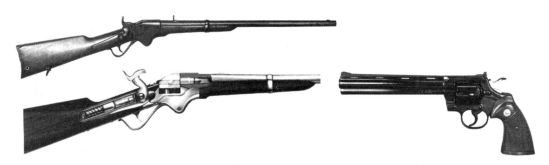

图2-6　霍尔的滑膛枪　　　　　　图2-7　柯尔特"海军"型左轮手枪

三、使用大功率的机械装置

美国设计比欧洲设计更讲究实用性,其早期所有的机械及电器产品的美学特征是由机器生产和标准部件决定的。美国设计因受到生产过程和市场需求的支配,设计者和厂家总是能够为了满足市场的需求进行设计,因此有其独特的质量。如缝纫机是典型的美国产品,从1844年波士顿的技工霍维发明了一种在针尖上引线的缝衣针,并利用两根针在布料下形成交织的针缝,这使得机械缝纫成了现实(图2-8),到1851年胜家改良了霍维的发明,生产出了第一台缝纫机。在对其设计时,充分考虑了对外观的改进使其成为居家环境和家庭主妇们所接受的造型(图2-9),同时又具备由机械功能决定的基本形状以及与机器所在的社会背景下的美学观念相一致的外表,并且十分强调世界范围内的市场战略以及塑造家用机器的形象。直到现在,胜家仍是世界上最大的缝纫机器生产厂家之一。

图2-8 霍维设计的缝纫机

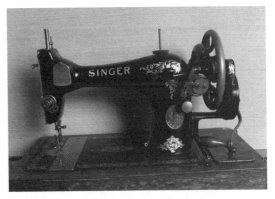

图2-9 胜家设计的"新家庭"型缝纫机

综上所述，在19世纪的大部分时间内，美国制造体系得到快速发展，它重视产品的机械分析，把其分解为可互换的零部件，并通过设计使其适于机械化批量生产。与当时的英国和欧洲大陆的公司相比，因没有受到文化和政治因素的限制，仅受到生产过程和市场需求的支配，美国最早成功地实现了将工业化生产与企业的紧密联系。因此，在此后的几十年内，制造技术进一步发展，美国制造体系体现的思想在世界范围内得到推广。

第三节 "水晶宫"国际工业博览会

19世纪前半叶，欧洲工业革命正如火如荼地进行，科学技术的飞速发展使人类生活进入了一个新的时代。在对未来不安但又充满期待的情绪中，真正意义的改革成为社会发展的迫切要求。1851年英国伦敦万国工业博览会是政府做出的推进艺术设计相关工作的重要举措，以此来推动本国工业生产技术的发展和宣传新产品。"水晶宫"国际工业博览会的举行促使了一场影响深远的革命的到来。

一、"水晶宫"国际工业博览会概述

1. 背景

18世纪末的工业革命首先爆发于英国，成为工业革命中心的英国在生产规模上迅速发展，具有了国际性强国的地位和巨大的号召力。英国丰厚的经济基础和海外市场的扩大，使得英国的重商主义思想较欧洲大陆要严重得多。为了向世界展示和炫耀他们产品革命的成果，推动科学技术的进步，让新技术受到更为广泛的关注，1851年5月1日，第一届世界博览会在英国伦敦的海德公园隆重举行。

举办博览会的建议是由英国艺术学会提出来的，维多利亚女王的丈夫阿尔伯特亲王（Prince Albert）是该协会的主席（图2-10），也是这一届博览会的主持者与策划者。他提出"博览会必须是国际性的、展品要有外国产品参加"的设想，以举办一届规模宏大的世界博览

会。他正是要通过博览会这种形式，展示维多利亚时代的伟大成就。因此，这场博览会当时被命名为"大博览会"或"万国工业博览会"。

图2-10　维多利亚女王及丈夫阿尔伯特亲王

2．展馆介绍

（1）展馆设计者——约瑟夫·帕克斯顿（Joseph Paxton）。帕克斯顿是英国著名的园丁、作家和建筑工程师，是展馆的设计者。他以在温室中培养和繁殖维多利亚王莲而闻名，首创了用铁栏和木制拱肋为结构、用玻璃作为墙面的温室（图2-11）。帕克斯顿的展馆设计方案是从234张竞标图纸中被阿尔伯特亲王选中的，其设计为结构简明的花房式方案，主要的材料是玻璃、钢铁和木材。在阳光下，晶莹剔透，光彩照人。当时英国最有影响力的刊物之一《笨拙》周刊上记者命名它为"水晶宫"。

图2-11　约瑟夫·帕克斯顿和他的作品

帕克斯顿的设计是成功的，他把玻璃温室的构造原理运用在展馆设计中，并采取了室内曲线对流原理和可调节百叶窗等措施成功地解决了采光问题。美中不足的是没能很好地解决室内散热问题，同时也破坏了室内的舒适气候。水晶宫第一次提出了玻璃建筑的气候问题，当时负责细部处理工作的铁路工程师查尔斯·福克斯（Charles Fox）无可奈何地采用了帆布在屋面上遮盖阳光。帕克斯顿，这位工程师和园艺师，无须考虑建筑师关心的宏伟和壮观，反而创造了简单且大胆的建筑特征。这种特征引领了一种全新的设计态度，使其在建筑史上具有划时代的意义。

（2）展馆——"水晶宫"国际工业博览会。"水晶宫"与世界博览会于1851年同时诞生，在占地9.6万平方米的展区中，世界上第一届博览会在热闹非凡的气氛中开幕。其总面积为7.4米×104米，约为7.4万平方米；建筑物总长度达到564米（1850英尺），用以象征1851年建造；宽度为124.4米，高度为32米（地面至拱顶顶端），其外形为一个简单的阶梯形长方体，并有一个垂直的拱顶，各面只显出钢铁架与玻璃壁体墙面，没有任何多余的装饰。施工时，经过严密的计算加工出来的标准构件，运至现场用螺钉和铆合的方法进行组装，完全体现了工业生产的机械特色（图2-12）。工业化新材料的应用

图2-12　伦敦"水晶宫"外景和内景

为设计"水晶宫"增添了强烈的时代气息，突破了传统建筑的凝重感，让人感到轻松、乐观、时尚。

"水晶宫"是世界上第一座用金属和玻璃建造起来的大型建筑，整个建筑结构采用了重复生产的标准预制单元构件，它是指向现代建筑的一个标志。有人描写"水晶宫"里的感觉如同"仲夏夜之梦"，清朝官员张德彝说："一片晶莹，精彩炫目，高华名贵，璀璨可观。"与19世纪其他的工程杰作一样，"水晶宫"在现代设计的发展进程中占有重要地位。

二、"水晶宫"国际工业博览会的展品介绍

"水晶宫"国际工业博览会是西方工业革命的成果,欧文·琼斯(Owen Jones)是场馆内部的布展设计师,展区共分为五部分,分别为原材料、机械、工业制品、美术品和其他,共收到来自世界各地的展品13 000余件,展会没有主题,各展区、展品缺少联系性。场馆内部的展品与其"水晶宫"建筑形成了鲜明的对比。这些拥有不同历史式样的展品漠视任何基本的设计原则,普遍反映出一种为装饰而装饰的热情,一些不合理的装饰严重破坏了产品的真实品质。例如,法国送展的一盏油灯,灯罩由一个用金、银制成的非常复杂的基座来支撑(图2-13)。设计师们试图以各种新材料和新技术所提供的可能性,将洛可可式风格推到了浮夸的地步,显示了新型奇巧的装饰方式,如一张女士们做手工用的工作台外面饰以天使群雕,浮夸的桌腿仿佛承载不了自身的质量(图2-14)。还有一些展品在形式和装饰方面表现出别具匠心的追求,像一件鼓形书架可以围绕中心水平轴旋转,两侧圆盘上支撑着每一层搁板,这样使用者就可以连续地以方便的位置使用搁板,这件书架侧板上的花饰和狮爪脚同样是刻意把一些细枝末节不适当地大加渲染(图2-15)。

图2-13　法国送展的油灯图

当然在展品中也有充分体现工学与科学进步的作品,如美国送展的金属框架可以旋转360°的椅子、农机用品、军械等,大大丰富了人的体验,其产品本身朴实无华,真实地反映了机器生产的特点和特定的功能(图2-16)。

图2-14　"水晶宫"博览会展出的工作台

图2-15　"水晶宫"博览会展出的鼓形书架

图2-16 美国送展的金属转椅及农机产品

三、"水晶宫"国际工业博览会的影响

1851年的世界万国博览会,在工业设计史上具有划时代的意义。维多利亚女王的丈夫阿尔伯特亲王激动地说:"这是艺术和产业的联姻。……和一天只能生产一件物品的时代告别,一天生产数百个的机械世界体现了英国国民的伟大的智慧。""水晶宫"国际工业博览会收入净赚186 000英镑,这笔款项后来被用于成立维多利亚与阿尔伯特博物馆,科学博物馆与自然历史博物馆也都在该展馆所在地的南边建立,后来成立的英国大学也与其毗邻。这样,在阿尔伯特亲王的支持下,设计教育成为国家重要的事务,学校围绕着设计还进行了教学改革,另外展览会的举办和博物馆的兴建等工作的推进更是将设计教育推到了全民化、社会化的层面。

同时,"水晶宫"展会的出现,从反面刺激了现代工业设计思想。以机器生产方式代替手工操作的新产品,由于没有相应的美的形态而显得简陋粗糙,工业设计带来的艺术与技术分离,使工厂生产出来的产品因缺乏艺术性逐渐受到人们的批评。这种批评引起的理性思考就是工业设计产生的理论源泉,是英国"工艺美术"运动产生的直接原因。"水晶宫"国际工业博览会还引发了关于建筑和工业设计的辩论,这场论战最终导致了20世纪早期的现代主义美学理论的产生。

"水晶宫"是现代钢筋与玻璃搭建的摩天大楼的前身,其采用了预先制造各部件然后拼装的建筑方式,昭示着工业材料在公共建筑上的新应用,带来了"工程建筑"的新形式。现代城市的钢筋与玻璃结构正是从"水晶宫"得到的启发。从世界各地带来的原材料,让参展的英国人见识到了海外的富饶、异国的情调。在接下来的50年中,大英帝国的版图几乎翻了一倍,可以说这与"水晶宫"国际工业博览会不无关联。

第四节 工艺美术运动

工艺美术运动又称为"艺术与手工艺运动",它是19世纪下半叶,起源于英国的一场设计改良运动。工艺美术运动是针对工业革命后艺术设计领域所出现的危机,力图通过复兴传统手工艺以及重建艺术与设计的紧密联系,来探索新的社会背景下艺术设计发展道路的一场设计运动。

一、工艺美术运动概述

1. 产生的背景

19世纪下半叶到20世纪初,是工业设计的酝酿和探索阶段,因此,无论是在理论上还是在实践上都还处于初步的摸索时期。在拉斯金和莫里斯的理论和实践的影响下而形成的"工艺美术运动"是整个工业设计史上最具影响力的一次改革。工艺美术运动产生的背景是工业革命带来的一系列影响。

2. 工艺美术运动的特点

工艺美术运动起源于19世纪末的英国,它反对过分装饰浮夸的样式与粗糙、简陋的制作,提倡简单的设计样式、真实的材料和效仿自然的图案,它的特点不容忽视。在一派维多利亚矫饰风气之中,这些设计先驱们能够采用中世纪的纯朴风格,吸收日本和自然的装饰动机,创造出有声有色的新设计风格,同时又完全与各种复古的历史风格大相径庭,的确是难能可贵的探索。其特点如下:

(1)强调手工艺生产,反对机械化生产。

(2)在装饰上反对矫揉造作的维多利亚风格和其他各种古典、传统的复兴风格。

(3)提倡哥特式风格和中世纪行会的合作精神,讲究简单、朴实的风格特点。

(4)主张设计诚实,反对风格上华而不实。

(5)提倡自然主义风格和东方风格。

二、工艺美术运动的代表人物

1. 理论指导家——约翰·拉斯金

约翰·拉斯金(John Ruskin)是维多利亚时期非常著名的文人。作为工业设计思想的奠基者,他在参观了博览会后,对"水晶宫"和其中的展品表示了极大的不满。在维多利亚艺术时期他认为只有幸福和道德高尚的人才能制造出真正美的东西,而工业化生产和劳动分工剥夺了人的创造性,因此不可能产生好的作品,只有回归中世纪的社会和手工艺劳动,才是唯一的出路。他反对工业化的生产方式,提倡自然主义和哥特式风格在设计中的运用,并为建筑和产品设计提出了若干准则,这些准则主要是:

(1)师承自然,从大自然中汲取营养,而不是盲目地抄袭旧有的样式。

(2)使用传统的自然材料,反对使用钢铁、玻璃等工业材料。

(3)忠于材料本身的特点,反映材料的真实质感。拉斯金将用廉价且易于加工的材料来模仿高级材料的手段斥为犯罪,而不是简单的失误、缺乏良好意识或用材不当。

拉斯金把中世纪手工业劳动加以理想化,主张回到古老的前资本主义时代。他认为工业资本主义社会过于丑恶,没有艺术也没有美。而在同一时期,工业及其产品却在各个方面上改变了国民的视觉环境和生活,诋毁工业及其产品或许会带来暂时的满足,但它们是不可能长期被忽视的。

2. 现代设计的先驱——威廉·莫里斯

威廉·莫里斯(William Morris)是英国维多利亚时期的艺术家。他在现代设计历史上占有重要的地位。莫里斯在研究中世纪艺术和设计时受到拉斯金思想的启发，与鲁斯金（Ruskin）、普金（Pugin）等人主导了工艺美术运动。莫里斯主要从事织物、墙纸、瓷砖、地毯、彩色镶嵌玻璃等的设计，他的设计多以植物为题材，有时加上几只小鸟，颇有自然气息并反映出一种中世纪的田园风味（图2-17）。这是拉斯金"师承自然"主张的具体体现，对后来风靡欧洲的新艺术运动产生了一定的影响。

图2-17 莫里斯与他设计的印花图案

莫里斯出生在英国埃塞克斯郡的一个富裕的中产阶级家庭，1853年他进入牛津大学埃克塞特学院，为了成为牧师而学习神学。牛津生涯使莫里斯对艺术和文学产生了浓厚的兴趣，尤其爱好中世纪的艺术、设计和建筑。而后与志同道合的伙伴一起创建了前拉菲尔兄弟社，抵制媚俗的装饰艺术和建筑的工业制造，倡导手工艺的回归，把工匠提升到艺术家的高度。他认为艺术应当是平民可以承受的，艺术媒介不应有高低之分。他自己动手按自己的标准设计家具、墙纸、染织品等家庭用品，用来装修由菲利普·韦伯（Philip Webb）设计的住宅"红屋"（图2-18），这是他们新的设计思想的第一次尝试。"红屋"建成后，莫里斯与几位好友建立了自己的商行，自行设计产品并组织生产（图2-19）。这是19世纪后半叶出现在英国的众多工艺美术设计行会的开端。

莫里斯倡导复兴手工艺，常常表达着想要回到中世纪的理想，同时又期待共产主义社会的实现。关于机器生产，莫里斯是肯定机器的，但不平等的社会制度，使人们成了机器的奴隶。在他的设计中,将程式化的自然图案、手工艺制作、中世纪的道德与社会观念和视觉上的简洁融合在一起,从而发展了关于形式或者装饰与功能关系的思想。莫里斯在阐明他所采用的装饰时说:"在许多情况下,我们称之为装饰的东西,只不过是一种我们在制作使用合理并令人愉悦的必需品时所掌握的技巧,图案成了我们制作物品的一部分,是物品自我表达的一种方式。通过它,我们不仅形成了自己对形式的看法,更强调了物品的用途。"根据莫里斯的观点,装饰应强调形式和功能,而不是去掩盖它们。

莫里斯的一生充满了矛盾,他对现代设计运动产生了深远的影响,同时他又妄图使历史车轮倒转。他背负着传统与现代、理想与现实的沉重十字架,步履蹒跚地踏上了现代意义上的艺术设计的新征途。

图2-18　红屋的外景和内部装饰

图2-19　莫里斯公司生产的产品——扶手椅

3. 手工艺行会学校的创办者——查尔斯·罗伯特·阿什比

查尔斯·罗伯特·阿什比（Charles Robert Ashbee）是英国的设计师、建筑师和艺术理论家,是工艺美术运动的倡导者。他主要从事银具、家具和装饰的设计,其设计的作品极具创造性,以优美的曲线造型和简洁的装饰为主,在外形上采用各种纤细、起伏的线条（图2-20）,反映出手工艺金属制品的共同特点。他被认为是新艺术的先声。

1888年阿什比在伦敦组建手工艺行会,全面推广与实践拉斯金、莫里斯等人的艺术理想,该行会是当时工艺美术运动涌现出的众多手工艺组织中最典型、最成熟、最完整和最具有影响力的一个组织。手工艺行会的座右铭是"脱离了工业的人生是罪恶的,脱离了艺术的工业是残忍的"。其主要支柱是家具、银具和装饰。风格化的自然题材纹饰与拉斯金的"师承自然"观点不谋而合，线条造型流畅有致、明快精练，被誉为"建立于行会制度之上的乌托邦"。

1902年阿什比在对工业生产方式的喧嚣极度厌弃的情况下，决定将手工艺行会迁址到农村，按照理想的中世纪模式将学校建设成集生活、学习、工作于一体的社区，日常生活力求自给自足，商品制作和学习活动都在工作房内同时完成，大家在一起工作、学习、交流，其探讨式的合作是具有创造性的，但由于阿什比在理念上坚持工艺美术运动的思想和在农村闭塞的销售环境，最终，该手工艺行会于1908年以失败而告终。

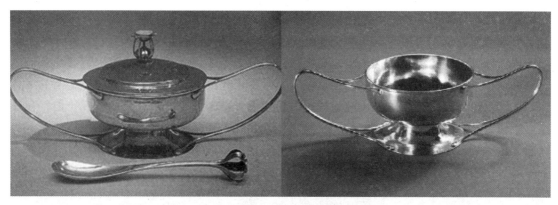

图2-20　阿什比设计的银质水具

4. 现代建筑的先驱——查尔斯·沃赛

查尔斯·沃赛（Charles Voysey）是英国的建筑师、家具设计师及纺织品设计师。作为理解和欣赏工业设计的第一人，他被认为是现代建筑的先驱之一。沃赛在很年轻时就受过训练，自1888年起，在工艺美术运动的影响下，他开始进行设计，其平面设计偏爱卷草线条的自然图案，但家具设计又充满整体感和简约克制的手法，如1898年他设计的橡木椅（图2-21），其背板上挖空的"心"型图案以及不寻常的比例关系和空间感，使这把椅子具有个性突出、功能性强、容易批量化生产的特点。沃赛的作品继承了拉斯金、莫里斯提倡的美术与技术结合以及向哥特式和自然学习的精神，更简洁、大方，如沃赛于1900年设计的火钳与煤铲（图2-22）成为英国工艺美术运动设计的范例。

  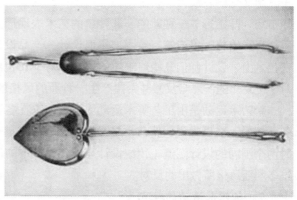

图2-21　沃赛设计的橡木椅　　　　图2-22　沃赛设计的火钳与煤铲

三、工艺美术运动的影响

工艺美术运动在设计上，是从手工艺品的"忠实于材料""合适于目的"等价值中获取灵感，秉承"师承自然"的设计思想，并把源于自然的简洁和忠实的装饰作为其设计的基础。工艺美术运动不单单指一种特定的风格，而是多种风格并存，从本质上来说，它是通过艺术和设计来改造社会，并建立起以手工艺为主导的生产模式的试验。

从意识形态上来看，"工艺美术运动"的局限性是不言而喻的，它反对工业化，否定机械和大批量生产的生产方式，但是这一运动对机器生产进行否定是片面的，也在一定程度上反映了当时人们对即将到来的工业化大生产所表现出的种种疑虑，因此其设计风格不可能成为领导潮流的主流风格。它是在轰轰烈烈的大工业革命之中，企图逃避革命洪流的一个知识分子的乌托邦幻想而已。但是，作为世界现代设计史上第一个真正意义上的设计运动，这场运动虽然范围较小，时间短暂，但在设计史上具有非常重要的研究价值，在美国影响了芝加哥学派，在欧洲掀起了一场规模宏大、影响范围广泛、试验程度更加深刻的"新艺术"运动。工艺美术运动作为一种新的设计风格的尝试，为以后的现代设计提供了参考和素材。

第五节 新艺术运动

"新艺术运动"是19世纪末到20世纪初伴随着欧洲工业革命所带来的生产力提升而产生在设计艺术领域的一场艺术运动。它用抽象的自然纹样与线条，脱掉了守旧、折中的外衣，在设计发展史上标志着由古典传统走向现代设计运动的一个必不可少的转折与过渡。

一、新艺术运动概述

1. 新艺术运动产生的背景

自普法战争结束后，欧洲在很长一段时间内处于一个和平稳定的发展状态，社会稳定有助于思想文化的发展，一些刚刚独立或统一的国家为了促进自身的发展，力图打入激烈竞争的国际市场，开始形成一种新的、非传统的艺术表现形式。在形式上，他们放弃了任何的传统装饰风格，开始将一些建筑、绘画、平面设计、产品设计、手工艺等各个方面与自然形态相融合；在技术上，设计师们开始追求新的材料。对于19世纪的艺术家而言，新艺术运动正反映了他们对于工业化的厌恶与反感并希望产生一种新的风格的心态。

新艺术运动是由工艺美术运动引发的，它在各国产生的背景虽然相似，但所体现的风格却各不相同。准确地说，新艺术是一场运动，而不是一个风格。因此，新艺术运动的起因是对当时两个不同的设计潮流（传统设计与现代设计）的反对，是对于弥漫整个19世纪的矫揉造作的维多利亚风格所做出的反对。

2. 新艺术运动的特点

新艺术运动汲取了英国工艺美术运动的理论精髓，提倡技术与艺术、设计与操作的合理统一，强调"以人为本"的造物理念，崇尚自然中热烈而旺盛的生命力，主要是从自然形象中抽取和提炼造型素材，线条更为流畅、自由、夸张。新艺术运动站在时代新旧交替的关口，开始尝试使用工业化生产的新材料（如玻璃、铸铁），探索这些材料在装饰艺术领域使用的潜在可能性，推动了人类技术由传统走向现代，并为后来的艺术家们对材料的运用提供了经验。从本质上看，新艺术运动并不反对工业化，它的理想是为尽可能广泛的公众提供一种充满现代感的优雅，因此，工业化是不可避免的。其特点为：

（1）强调手工艺，不反对工业化。

（2）完全放弃传统装饰风格，开创全新的自然装饰风格。

（3）倡导自然风格，强调自然中不存在的直线和平面，装饰上突出表现曲线和有机形态。

（4）装饰上受东方风格的影响，尤其是日本江户时代的装饰风格与浮世绘的影响。

（5）探索新材料和新技术带来的艺术表现的可能性。

新艺术运动在功能上其实是一场装饰艺术运动，提倡装饰艺术与线条美学，为此，新艺术运动中的艺术家们，又被称为"反理性主义者"，他们把自然和生命的形态用最抽象的线条来表现。直线使人们感到冷静与庄重，曲线又让人觉得精妙与柔韧。继英国工艺美术运动后，新艺术运动伴随着充满生命力曲线的出现而诞生。

二、新艺术运动的曲线派

1. 法国

法国是"新艺术运动"的发源地。"新艺术"是由法国家具设计师萨穆尔·宾创立的"新艺术之家"而产生的，评论家取其中的"新艺术"来作为此设计运动的名称。法国的新艺术运动与英国的工艺美术运动十分相似，主张"师承自然"，所采用的动植物纹样大都是弯曲而流畅的线条，因其受到唯美主义与象征主义的影响，追求华丽、典型的装饰效果，具有鲜明的新艺术风格特色。其主要代表人物有：

（1）萨穆尔·宾（Samuel Bing）。法国新艺术运动最重要的代表人物之一，他是一位定居法国巴黎的德国商人、出版家和设计师。1888年，他出版了杂志《日本艺术》，用来宣传日本艺术和日本工艺美术以提升手工艺在欧洲人心目中的地位。1895年12月，他在巴黎开设了一家名为"现代之家"的艺术商店，主要经营独具东方特色的日本艺术品和当时前卫设计师设计的装饰品。宾热衷于日本艺术，东方艺术崇尚自然的思想对他产生了深远的影响，他的设计作品主张"师承自然"，强调"回到自然中去"，提取植物的形态和纹样，取消直线，强调有机形态（图2-23）。

图2-23　萨穆尔·宾设计的家具和灯具

图2-24 赫克托·吉马德

图2-25 吉马德设计的地铁入口

（2）赫克托·吉马德（Hector Guimard）（图2-24）。吉马德出生于法国里昂，早年学习建筑，1895年的比利时之行导致了吉马德设计风格的转变。他是提倡总体艺术的先驱之一，其设计的三个基本原则是理性、协调和情感。吉马德为巴黎地铁所设计的入口设施成了他最著名的作品（图2-25），在1900年前后的几年中，他共设计了115个地铁入口，它被赋予了新艺术最有名的戏称——"地铁风格"，所有地铁入口的栏杆、灯柱、护柱和产品设计也全都采用了起伏卷曲的植物纹样。强烈的装饰意味和流畅优美的线条是新艺术运动的巅峰之作，给人们带来了强烈的感官刺激。

（3）艾米尔·盖勒（Emile Galle）。法国新艺术运动有两个重要的中心，其一是巴黎，其二是小城南锡。南锡的家具自成一派，是设计史上十分有影响力的"南锡派"，而盖勒就是南锡派的代表人物。1900年，他在《根据自然装饰现代家具》一文中指出，自然应是设计师的灵感之源，并提出家具设计的主题应与产品的功能性相一致。他坚信，大自然是装饰之根，线条是植物的天然表现形式，通过线条表达一种无法抑制的冲动。盖勒精于玻璃工艺，他在彩饰玻璃花瓶的设计上饰以花卉或昆虫（图2-26），他设计的作品具有特别的生命活力。盖勒在自己的身边聚集了一批观念、风格一致的艺术家，形成了南锡学派并进行玻璃制品、家具和室内装修设计，在当时产生了比较大的影响。

图2-26 盖勒设计的彩饰玻璃花瓶及家具

2. 西班牙

最极端、最具有宗教气氛的新艺术运动代表国家就是西班牙。西班牙地处欧洲西南角的伊比利亚半岛,中世纪时曾被阿拉伯伊斯兰帝国占领,哥特式基督教艺术和阿拉伯伊斯兰艺术相互融合共处,形成了西班牙近代艺术的独特风格,表现出强烈的理想主义色彩。由于有着这样一些独特的传统,西班牙新艺术运动也呈现出强烈的表现主义色彩。

新艺术运动在西班牙的代表人物是安东尼奥·高迪(Antonio Gaudi)(图2-27)。高迪天生具有良好的空间解构能力与雕塑感觉,他设计的建筑极具浪漫主义色彩,大胆、极端、奇异的幻想支配着他的设计灵感,同时他又借鉴东方与哥特式建筑的结构特点和风格。从古埃尔公园、巴特罗公寓、米拉公寓到圣家族大教堂,高迪打破了建筑只为人类空间所设计的局限性,在工业化的背景下,他追求的是为自然、为心灵而设计的高度。

在巴塞罗那大街上,坐落着一幢闻名全球的纯粹是现代风格的建筑——米拉公寓(图2-28),老百姓多把它称为"石头房子"。米拉公寓的屋顶高低错落,墙面凹凸不平,到处可见蜿蜒起伏的曲线,整座建筑外部宛如波涛汹涌的大海,富于动感,公寓内部也没有直角,包括家具在内都尽量避免采用直线和平面。高迪还在米拉公寓房顶上设计了一些奇形怪状的突出物作为烟囱和通风管道,形成无比惊人的屋顶景观。另外,高迪把家具的设计完全比拟为生物,在考虑到人机工程学的同时,完全采用有机形式,经过磨光的雕花橡木就如同动物的骨骼。这时的高迪已经达到了狂想的极限,开始挑战传统美学。

在高迪的所有设计中,最重要的成就是他为之投入43年之久,并且至死仍未能够完

图2-27　安东尼奥·高迪

图2-28　高迪设计的米拉公寓

成的圣家族大教堂（图2-29）。该教堂在1881年委托高迪设计，1884年始建，主要由于财力不足，多次停工。教堂的设计主要模拟中世纪哥特式建筑式样，计划建造18座高塔，截至2012年9月对应诞生立面四门徒和受难立面四门徒的8座高塔已经建成。尖塔虽然保留着哥特式的韵味，但结构已简练得多，教堂内外布满钟乳石式的雕塑和装饰件，上面贴以彩色玻璃和石块，仿佛神话中的世界一般，教堂上下看不到一点规则，弥漫着向世界的工业化风格挑战的气息。

高迪表现出了对曲线冲动般的激情，他让自己的建筑作品远离直线，接近于自然的形态。在这一点上，高迪与其他新艺术运动的艺术家们并无不同之处。但新艺术运动对自然的喜好似乎只止于表面上的形式模仿与抽象，因为自然形式最终只是一种优雅的、精致的装饰。高迪在注重实用的建筑中极度使用曲线，说明高迪显然走得更远。也许是因为建筑需要更大范围地深入自然、处理自然元素，高迪不得不突破表面形态上的对自然形式的模仿，而更深入地探讨自然形式所体现出的活力，从而使自己的自然主义表现得更为深入。

图2-29　高迪至今未完成的圣家族大教堂的外景与内景

3. 比利时

比利时是欧洲大陆工业化最早的国家之一。早在19世纪80年代初新艺术运动已崭露头角，在设计史上被称为"先锋派运动"。比利时革新运动的民主色彩十分强烈，出现了相当一批具有民主思想的艺术家、建筑设计师，他们在艺术创作和设计上提倡民主主义、理想主义，提出艺术和设计为广大民众服务的目的和"人民的艺术"的口号，从意识形态上来说，他们是现代设计思想的重要奠基人。比利时新艺术运动最有代表性的人物有两位，即维克多·霍塔和亨利·凡·德·威尔德。

图2-30　维克多·霍塔

（1）维克多·霍塔（Victor Horta）（图2-30）。霍塔是比利时新艺术派的杰出建筑师，也是整个新艺术运动中的建筑先锋和领袖之一。在建筑中，他坚决摒弃了直线和锐利的角度，十分迷恋藤蔓缠绕的曲线。这种缠绕的曲线成了比利时新艺术运动的特征之一，被称为"比利时线条"或"鞭线"。令人赞赏的是这么多缠绕的曲线不仅不累赘，反而显现出高度的和谐优雅和与传统建筑的和谐统一。这种成熟的新艺术曲线风格同样用于家庭住宅设计上，如霍塔在1893年设计的布鲁塞尔都灵路12号住宅成为新艺术风格的经典作品（图2-31）。他不仅将他创造的独特而优美的线条用于上流社会，还毫不犹豫地将其应用到了广大民众所使用的建筑上，且不牺牲它优美与雅致的特点。

图2-31　霍塔设计的布鲁塞尔都灵路12号住宅

（2）亨利·凡·德·威尔德（Henry Van de Velde）（图2-32）。威尔德是19世纪末比利时早期设计运动的核心人物与领导者，是杰出的设计家、建筑师和教育家。他在平面设计和纺织品纹样设计上喜欢大量采用曲线（如花草枝蔓）组成复杂的图案，流畅的曲线韵律成了威尔德独特的形式语言。威尔德从建筑入手设计产品，进行装修，甚至设计服装，力图创造一种与风格设计协调的环境来传播新的设计思想，如他设计的桌子和椅子都是为特定的环境而设计（图2-33和图2-34）。作为比利时现代设计的奠基人，威尔德的设计思想十分先进，他主张艺

图2-32　亨利·凡·德·威尔德

术与技术的结合,反对纯艺术,他指出"技术是产生新文化的重要因素",并提出了"技术第一"的原则。

1902年,威尔德被召到德国魏玛,举办了一个"讲习班"。这个"讲习班"通过设计和制作模型样本等手段,向工匠和工业家们提供艺术灵感。1906年他创办了魏玛市立工艺美术学校(即包豪斯的前身)。除此之外,他还以积极的理论家和雄辩家著称,他写道:"我所有工艺和装饰作品的特点都来自一个唯一的源泉:理性,表里如一的理性。"同时,他又坚持设计师在艺术上的个性,反对标准化给设计带来的限制,这显然是相互矛盾的。可以这样说,在威尔德身上存在着两种不同的冲动,一种是热烈而具有生命力,威尔德从未放弃过他所热爱的曲线装饰;另一种是简洁、清晰的功能主义,体现在他设计作品的基本结构上和他的著作中,如他设计的银质刀叉和磁盘(图2-35)。

威尔德被称为是比利时的莫里斯,他的理论与实践奠定了现代设计理论的基础,他倡导"合理"地应用装饰来表明物品的特点与目的,提出的设计理论和设计实践都使他成为世界现代设计的先驱之一。

图2-33　威尔德设计的书桌和椅子

图2-34　威尔德为一家网球俱乐部设计的桌子和椅子

图2-35　威尔德设计的银质刀叉和瓷盘

4. 美国

新艺术运动在美国也有回声，其代表人物是路易斯·蒂芙尼（Louis Tiffany）（图2-36）。他擅长的设计领域是玻璃制品与珠宝，尤其擅长设计玻璃花瓶（图2-37），并建立了自己的工厂来生产玻璃制品。蒂芙尼把铜和彩色玻璃相结合，设计了很多优秀的作品，如蒂芙尼的灯具设计，青铜的基座采用树根和树干的造型，灯罩的彩绘玻璃上面装饰着荷花、百合或紫藤花等纹饰，呈现出与欧洲大陆不同的特点。在他的设计中，他把很多纹饰、结构直接从花卉植物的形象中提炼出来，与新艺术从生物中获取灵感的思想不谋而合。

图2-36　路易斯·蒂芙尼

图2-37　蒂芙尼设计的玻璃花瓶

三、新艺术运动的直线派

新艺术运动的直线派风格包罗万象，在各国产生了极为深远的影响。在不同国家、不同学派拥有不同的风格特点，既有非常朴素的直线或方格网的平面构图，又有极富装饰性的三维空间的优美造型。

1. 德国

德国的新艺术运动的直线派被称为"青年风格"，这一词汇源于德国杂志《青年》，这是德国宣传新艺术的主要刊物。慕尼黑作为"青年风格"组织的活动中心，成了新艺术转向功能主义的一个重要步骤。初期，"青年风格"与新艺术运动的曲线派在比利时、法国、西班牙的风格相似，主张自然主义的曲线和有机形态；到了后期，在"青年风格"的艺术家和设计师的作品中，主张直线和简单的几何形体，强调功能单一（图2-38），渴望在简单的几何形体中寻找新出路。作为"青年风格"的重要人物，里查德·雷迈斯克米德（Richard Riemerschmid）在1900年设计的餐具标志着一种对于传统形式的突破，一种对于餐具及其使用方式的重新思考，迄今仍不失为优异的设计作品（图2-39）。

2. 英国

英国的新艺术运动作为一种设计运动，活动主要限于苏格兰。18世纪末期格拉斯哥的许多新生代画家创作了大量表现格拉斯哥印象主义的作品，成为格拉斯哥风格。其中成就最大的便是"格拉斯哥四人组",包括查尔斯·马金托什、赫伯特·麦克内尔、麦当娜姐妹。他们致力于寻找新的象征性与优雅的设计风格,表现为深受世纪末象征主义绘画的影响。他们主张直线、简单的几何造型,讲究黑、白等中性色彩,柔软的曲线和坚硬高雅的竖线交替是格拉斯哥学派的新表现,即设计史界所习称的"直线风格"。这种探索恰为机械化、批量化形式奠定了良好的基础。

查尔斯·马金托什(Charles Rennie Mackintosh)是"格拉斯哥四人组"的领袖人物,他设计的作品包括建筑、家具、室内、灯具、玻璃器皿、地毯、壁挂等都集中地体现了"直线风格"。日本浮世绘很大程度上影响了马金托什的设计风格,特别是日本传统艺术中简单的直线,利用不同的编排和布局,取得了非常富有装饰性的效果。

马金托什喜欢使用简单的直线和黑、白等基本色彩,他将有机形态和几何形态混合使用,既注重设计的功能,也注重其装饰性,如他在1919年设计的座钟(图2-40)。他在家具设计方面,像椅子、柜子、床等都别具特色,特别是他设计的高靠背椅,摆脱了一切传统形式的束缚,完全采用黑色的造型,非常夸张(图2-41)。同时,马金托什还强调建筑、室内、陈设的全局设计,他认为家具设计应该与室内环境的风格相协调,这样能使旁观者从内到外有一个明确的情感体验。另外,马金托什的设计中还大量地运用了新材料,如玻璃、铸铁等工业材料,通过铸铁组成的装饰图案是马金托什设计中最具特色的地方之一。在马金托什的作品中,人们可以感受到理性和反理性的制衡斗争,既有清规戒律的冷峻,又包含了象征主义的本能冲动。在冷静之中有抑制不住的热情,热情常常感化冰冷,冷静和热情在斗争中升华为人性化的和谐。

图2-39 雷迈斯克米德设计的餐具

图2-38 具有"青春风格"形式的椅子

图2-40 马金托什设计的座钟

图2-41　马金托什设计的高靠背椅

3. 奥地利

奥地利的新艺术运动是由维也纳分离派发起的，成立于1897年，最初称为"奥地利美术协会"，这是由一群先锋艺术家、建筑师和设计师组成的团队，因为他们标榜与传统和正统艺术分道扬镳，故自称"分离派"。其口号为"为时代的艺术，为艺术的自由"。他们倡导直线美学风格，成为一股新的设计运动力量。其主要代表人物有奥托·瓦格纳和约瑟夫·霍夫曼。

（1）奥托·瓦格纳（Otto Koloman Wagner）。瓦格纳是奥地利新艺术运动的倡导者，他早期从事建筑设计，并建立了自己的学说，其学说集中地反映在1895年出版的《现代建筑》一书中。他指出新结构和新材料必然导致新的设计形式的出现，建筑领域的复古主义样式是极其荒谬的，并提出建筑设计应为人的现代生活服务，以促进交流，提供方便的功能为目的。瓦格纳认为未来建筑"像在古代流行的横线条，平如桌面的屋顶，极为简洁而有力的结构和材料"，为此体现了瓦格纳"功能第一，装饰第二"的设计原则。如他在1900年设计建造的维也纳新修道院40号公寓，就采用了简单的几何形态，以少数曲线点缀达到装饰效果，这令当时的设计界耳目一新（图2-42）。

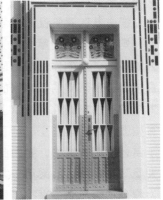

图2-42　瓦格纳设计的建筑

瓦格纳认为现代建筑的核心是交流系统的设计，建筑是人类居住、沟通和工作的场所，而不是一个空洞的环境空间。如他在1897年建于维也纳的分离派总部，就充分采用了简单的几何形体，特别是方形，加上少数表面的植物纹样装饰，摒弃一切多余的装饰，使设计具有功能和装饰高度统一的特点（图2-43）。

图2-43　维也纳分离派总部

（2）约瑟夫·霍夫曼（Josef Hoffmann）（图2-44）。霍夫曼是瓦格纳的学生，他继承了瓦格纳的建筑新观念，在新艺术运动中取得的成就，甚至超过了瓦格纳，被看作分离派的核心人物。他曾写道："所有建筑师和设计师的目标，应该是打破博物馆式的历史樊笼而创造新风格。"霍夫曼于1903年成立了维也纳生产同盟，通过对各种家具、金属制品、纺织品和装饰品的设计与制作，创造出一种产品形式非常简洁，但使用的材料和手工艺又极尽豪华的全新的生活艺术作品。

霍夫曼在建筑设计、平面设计、家具设计、室内设计、金属器皿等设计方面有着巨大的成就。他的作品极力回避历史模型和对直接源于自然界的装饰物的应用，他将注意力集中在抽象的几何形状上，喜欢规整的垂直构图，并逐渐演变成了正方形网格，形成了自己鲜明的风格，并由此获得了"棋盘霍夫曼"的雅称。他采用正方形网格的构图来为维也纳生产同盟进行金属制品、家具和珠宝的设计（图2-45）。1905年，霍夫曼在

图2-44　约瑟夫·霍夫曼

为维也纳生产同盟制订的工作计划中声称:"功能是我们的指导原则,实用则是我们的首要条件。我们必须强调良好的比例和适当地使用材料。在需要时我们可以进行装饰,但不能不惜代价去刻意追求它。"他的话语中隐含了现代设计的一些特点。但是这种态度在第一次世界大战后很快就发生了变化,霍夫曼的风格从规整的线性构图转变成了更为繁杂的有机形式,从此走向下坡路,20世纪30年代维也纳生产同盟宣告解散。

图2-45　霍夫曼设计的银质花篮和可调节的椅子

四、新艺术运动的影响

新艺术运动源于英国的"工艺美术运动",当时只是被简单地称为现代风格,它与工艺美术运动都是反对工业化所带来的机械风格所产生的,提出了艺术与技术结合以解决产品造型的问题。在工业设计的发展进程中,新艺术运动比工艺美术运动又向前跨了一大步,新艺术运动完全放弃了任何一种传统的装饰风格,把在自然界中获得的动植物纹样装饰用于产品中,在装饰上突出强调曲线、有机形态。值得一提的是,新艺术运动的设计师不排斥工业化,他们欣赏工业材料,在处理设计的形式与功能、技术与艺术方面,热衷于在新材料的审美上发掘潜力。

新艺术运动是一座桥梁,欧洲的设计凭借着新艺术运动由古典走向了现代,它打破了陈旧的装饰形式,开创了清新简洁的装饰与设计面貌,为现代主义设计的产生奠定了坚实的基础。新艺术运动无论是从表现形式上还是从精神实质上都值得后世对其进行借鉴和研究。

第三章 工业设计的形成时期

19世纪末至20世纪初,世界各国,特别是欧美国家的工业技术发展迅速,新的设备、机械、工具不断发明出来,极大地促进了生产力的发展,迅速发展的工业技术,同时给社会结构和社会生活也带来了很大的冲击。

第一节 德意志制造联盟

正当法国的新艺术运动风靡欧洲之时,德国著名外交家、设计理论家穆特休斯,设计师贝伦斯等人认识到了功能对现代设计的重要意义,从受法国影响的"青年派"分离出来,于1907年10月6日创办了德国第一个设计组织"德意志制造联盟"(Deutscher Werkbund,DWB)。德意志制造联盟是德国第一个设计组织,在理论和实践上都为20世纪20年代欧洲现代主义设计运动的兴起和发展奠定了基础,是德国现代主义设计的基石,在德国现代艺术设计史上具有非常重要的意义。工业设计真正在理论上和实践上的突破正源于此。

德意志制造联盟是在穆特休斯的倡导下,由一群著名的工业家、艺术家、建筑家、作家组成的设计联合体。德意志制造联盟最初成员只有12名热衷于设计教育与宣传的艺术家、建筑师、设计师、企业家、政治家和12家相关生产企业。这些业界代表,基本上都是柏林地区设计或工业化改良运动的主要力量。关于这个组织的命名也是颇有讲究的,穆特休斯坚决摒弃含有手工艺意味的"Craft"一词,坚持使用含有工业制造意味的"Werk"一词。这表明了他们与过去的工艺美术运动诀别的决心,也表明了工业大机器生产和现代工业文明是大势所趋。

德意志制造联盟的成立宣言是由诺曼(Friederich Naumann)起草的,提出了六个方面的内容:

(1)提倡艺术、工业、手工艺相结合。

(2)主张通过教育、宣传提高德国设计艺术的水平,把各个不同项目的设计综合在一起,完善艺术、工业设计和手工艺。

（3）强调走非官方的路线，避免政治对设计的干扰。

（4）大力宣传和主张功能主义与承认现代工业。

（5）坚决反对任何装饰。

（6）主张标准化的批量化。

德意志制造联盟每年在德国不同的城市举行会议，并在全国各地成立了地方组织。德意志制造联盟的成立宣言表明了这个组织的目标："通过艺术、工业与手工艺的合作，用教育、宣传及对有关问题采取联合行动的方式来提高工业劳动的地位。"它认为设计的目的是人而不是物，工业设计师是社会的公仆，而不是以自我表现为目的的艺术家，在肯定机械化生产的前提下，把批量生产和产品标准化作为设计的基本要求。同时努力向社会各界推广工业设计思想，介绍先进设计成果，促进各界领导人支持设计的发展，以推进德国经济和民族文化素养的提高。

一、德意志制造联盟的核心人物

1. 赫尔曼·穆特休斯

赫尔曼·穆特休斯（Herman Muthesius）是德意志制造联盟的奠基人和开创者。他是一位建筑师，1896年作为德国大使馆的文化官员被派驻英国，其任务是研究伦敦的建筑及设计。他详细考察了英国工艺美术运动的余波，并看到了其不足之处正是对机器的否定，从而开始了自己的设计思想：试图将功能主义单纯化和装饰性的抑制与机器生产上固有的原理结合在一起。1903年穆特休斯回国后，对德国建筑与产品设计落后状况提出批评，并主张有目的地学习英国设计中的合理部分。1905年他完成了著作《英格兰住宅》，在书中，他宣传了自己对一种自然的手工业文化的理想模式。在他看来，建筑及家具显示了优良设计是工艺性和经济性的基础，穆特休斯为英国的实用主义所震动，特别是在家庭的布置方面，他写道："英国住宅最有创造性和决定价值的特点，是它绝对的实用性。"他提出："一定要把机器样式作为20世纪设计运动的目标。""只要人类有了足够的力量和智慧去驾驭机器，机器就会从凶猛的食人兽变成人类的忠实奴仆。在恰当的指挥下，我们必然可以求得属于机器本身所产生的美感。"对他而言，实用艺术（设计）同时具有艺术、文化和经济的意义。也就是说，形成一种体现国家文化和经济价值的艺术风格，比如建立一种国家的美学"标准"，以形成"一种统一的审美趣味"。他要求所有的设计必须符合"完全而纯粹的使用功能"，即"即物性"。穆特休斯主张设计艺术必须有目的性，讲究功能，讲究成本核算，十分重视功能主义设计原则。他认为德国设计只有采用机械化大生产方式才能有发展前途。

1907年在柏林建造的自用住宅及办公室是穆特休斯著名的作品（图3-1），花园分为两个部分，住宅和花园通过一个花架和一个景亭联系。穆特休斯另一个著名作品是柏林的Cramer住宅，花园由椴树林荫道、黄杨花坛、花架及不同标高的平台组成，通过平台、台阶及花架的组织来连接建筑和园林。

图3-1　穆特休斯设计的自用住宅及办公室

通过穆特休斯的威望和关系网，德意志制造联盟网罗了许多优秀的德国设计师，帮助它与大型企业合作，以便在最短时间内大幅提升德国工业制品的质量和设计水平，提升它在欧洲市场中的竞争力。

2．彼得·贝伦斯

彼得·贝伦斯（Peter Behrens）是德国现代建筑和工业设计的先驱，是德意志制造联盟中最著名的设计师。1886—1891年贝伦斯在汉堡工艺美术学校接受艺术教育，后改行学习建筑。1893年起成为慕尼黑"青年风格"组织成员。1900年贝伦斯加入由艺术家、建筑师、设计师组成的"七人团"，开始建筑设计活动。1907年成为德意志制造联盟的推进者与领袖人物，同年6月受聘担任德国通用电气公司（简称AEG）的艺术顾问。AEG是1883年由埃米尔·拉特诺恩创建，公司采用标准化生产，重视设计的作用。贝伦斯与AEG的合作成了现代主义工业设计的最早典范。

1909—1912年贝伦斯参与建造AEG的厂房建筑群，其中他设计的透平机车间成为当时德国最有影响力和标志性的建筑物，奇特的造型和建筑材料的巧妙结合使其享有第一座真正意义上"现代建筑"的美称。该建筑摒弃了传统的附加装饰，造型简洁，壮观悦目，是贝伦斯建筑新观念的体现，贝伦斯把自己的新思想灌注到设计实践当中去，大胆地抛弃流行的传统式样，采用新材料与新形式，使厂房建筑面貌焕然一新。钢结构的骨架清晰可见，宽阔的玻璃嵌板代替了两侧的墙身，各部分的匀称比例减弱了其庞大体积产生的视觉效果，其简洁明快的外形是建筑史上的革命，具有现代建筑新结构的特点，强有力地表达了德意志制造联盟的理念。它是建筑史上最早的工业建筑之一，因其具有圣殿般气势的外立面而被称为"工作的教堂"。这座简洁的现代建筑以其明快的节奏感赢得了大众的好评，它的出现也可以认为是建筑史上的一次革命。从那时起，德国的厂房纷纷模仿贝伦斯设计的这座透平机车间，并逐渐往幕墙方向发展，这也成了后现代主义幕墙式建筑的早期模式（图3-2）。

图3-2　贝伦斯设计的AEG透平机车间

除了建筑设计之外，贝伦斯还为AEG做了许多产品设计，如1908年设计的台扇，1909年设计的电水壶，1910年设计的电钟等，这些设计都奠定了功能主义设计风格的基础。他把外貌的简洁和功能性作为工业产品的审美理想，把纯粹的几何图形与简洁而精致的装饰很好地结合起来，使这些产品具有自身的而不是从手工艺那里借用的价值。贝伦斯设计的台扇，单从外形上说，其外形简洁，没有多余的装饰，而其合理之处是从用户使用的角度去考虑设计（图3-3）。这样既符合了工业化生产流程，又丰富了产品样式。电钟的外形已经极具现代的设计感，鲜明的数字指针、完整的外形在当时的产品市场上都要比同类产品更具实用性（图3-4）。

贝伦斯于1909年通过改变容量、局部的几何形状、材料和装饰的途径，设计了电水壶系列，该电水壶系列建构在三个基本形基础之上：八边形、扁平的椭圆形、水滴形。其造型采用三种材料：黄铜、黄铜镀铜、黄铜镀镍。有三种容量：0.75升、1.25升、1.75升。有三种表面肌理：光滑、锤打、火焰。由此构成产品系列的差异特点（图3-5）。贝伦斯制定了三种壶体、两种壶盖、两种手柄及两种底座，从中选择并加以组合，共有24种样式。从1922年到20世纪20年代末，该系列电水壶都由AEG的子企业——纽伦堡的工程工厂生产，总共生产了20年。

图3-3　贝伦斯设计的台扇　　　　　　　　　　图3-4　贝伦斯设计的电钟

图3-5　贝伦斯设计的电水壶

贝伦斯是第一个通过产品设计改革使之适合工业化生产的设计师，他设计的电水壶充分考虑了机器批量和标准化生产的特点，电水壶的提梁和壶盖都可以和其他造型的水壶配件互用。这些设计在重视功能的基础上，追求形式的简约，没有一点伪装和牵强，使机器在家居环境中亦能以自我的语言来表达。

20世纪新思想下的视觉语言要素是最先被贝伦斯提出的，其特征也非常鲜明地体现出来。在平面设计方面，他倡导字体设计的标准化，采用标准的方格网络方式，严谨地把图形、字体、文字说明、装饰图案工整地安排在方格网络之中，清晰易读，一目了然。1900年，他出版了一本只有25页的小册子《庆祝艺术与生活——作为文化最高象征的演艺事业的审视》，全部采用无装饰线字体印刷，以表明自己的设计立场。无装饰线字体是20世纪现代主义平面设计的关键因素，因此，贝伦斯可以被视为现代平面设计的重要奠基人之一。1901年，贝伦斯和德国的克林斯波字体铸造公司合作设计出"贝伦斯体"（Behrensschrift）的折中字体系列（图3-6）。这种字体是介于"青年风格"与现代风格的一种过渡性字体，但已基本取消了装饰线的使用。贝伦斯在AEG这个实行集中管理的大公司中发挥了巨大作用，全面负责公司的建筑设计、视觉传达设计以及产品设计，使这家庞杂的大公司树立起一个统一完整的鲜明形象，开创了现代公司识别系统（CIS）的先河。1907年，贝伦斯为AEG公司设计标志，通过多次反复设计，终于设计出简单、明确的标志（图3-7）。这个设计项目的成功成为全世界第一个完整的现代企业形象设计。他同时也设计了该公司大量的平面项目，包括广告、海报、产品目录等（图3-8至图3-11）。因为始终强调设计的统一性，他为该公司塑造了一个从产品到推广的高度统一的企业形象，这是企业形象设计中最早的和比较完善的作品。可以说，贝伦斯是第一位真正意义上的现代工业设计师。

图3-6 "贝伦斯体"

图3-7 AEG标志

图3-8 AEG电灯海报

图3-9 AEG产品招贴

图3-10　AEG产品招贴　　　　　　图3-11　AEG计划书封面

贝伦斯还是一位杰出的设计教育家，担任过迪塞尔多夫实用艺术学校校长、维也纳美术学院与柏林普鲁士美术学院两校的建筑系系主任。瓦尔特·格罗皮乌斯、密斯·凡·德·罗、勒·柯布西耶等都在贝伦斯柏林的工作室工作过，并且受到了贝伦斯功能主义思想的影响，后来都成为20世纪伟大的现代建筑师和设计师。所以贝伦斯更重要的意义是影响和教育了一批新人，这一批人成为现代含义的工业设计师，是第一代成熟的工业设计师与现代建筑设计师。

贝伦斯的早期设计深受新艺术运动的影响，一直关注"维也纳分离派"的设计探索，逐渐看清了设计艺术改革与发展的道路，认识到新时代的设计必须将工业生产技术和材料工艺紧密结合才能拥有活力。他常常利用图式化的平面来制作富有节奏感的装饰样式，后来又受到麦金托什的影响，开始重视以直线为主的功能主义，采用理性的几何造型来表达设计（图3-12和图3-13）。他从形形色色的设计观念和不同风格的设计作品中，看到了正在变革中的艺术和设计趋势，认识到了设计只有与大工业的加工技术和材料工艺紧密结合才会拥有生命力。他不仅肯定了大工业的机械生产方式，而且找到了适应大生产设计方式的功能主义的内核，这些在他的设计中都有完整的体现。

第一次世界大战后，贝伦斯放弃了自己僵硬的对古典主义以及对工业权势的权威性提供象征的关注，重新开始寻求一种能表现德国人民真正精神的探索。他越过了浪漫主义的尼采风格，走向一种源于中世纪的，并与之关联的形式。在此之后，贝伦斯的创作便接近于装饰艺术风格。

如果没有贝伦斯的探索与创新，德国的工业设计也不会有今天的发展，从德国产品中就能看出贝伦斯的卓越影响力，贝伦斯是当之无愧的现代设计大师。

图3-12 贝伦斯设计的扶手椅　　　　　　图3-13 贝伦斯设计的Wertheim餐椅

3．亨利·凡·德·威尔德

亨利·凡·德·威尔德作为比利时的建筑师、教育家，他在德国的活动比在本国更有影响力，并一度成为德国新艺术运动的领袖。威尔德于1908年加入德意志制造联盟，并很快凭借自己从业的经验和理论，在联盟中树立了自己的地位。另外，他又坚持设计师在艺术上的个性，反对标准化给设计带来的限制。在1914年，他设计了德意志联盟剧院（德国科隆）（图3-14），该建筑对其他类型的大型会堂设计产生了重大影响。

图3-14 威尔德设计的德意志联盟剧院

二、德意志制造联盟的意义

德意志制造联盟的成员大部分都是应邀加入的，成员结构相对多元化，不仅有设计师，还包括企业界人士和官方专家。1908年该联盟成员为492人，1914年该联盟成员为1 800人，1929年该联盟成员已达3 000人，可见德意志制造联盟在德国工业界的影响是巨大的。德意志制造联盟的活动力很强，经常举行各种展览和宣传活动，借助实物来传播他们的设计主张，并出版了各种刊物和印刷品。1914年德意志制造联盟在科隆举办了一次大型展览（图3-15）。此次展览有三个主要目的：展示产品的质量概念；显示艺术及风格在产品外形和促进贸易中所扮演的角色；以展示产品的方式，回顾德意志制造联盟的艺术成就。1916年该联盟与一个文化组织合作出版了一本设计图集，其中推荐了一些茶具、咖啡具、玻璃制品、厨房设备等生活用品的设计，他们推荐的产品多注重功能

图3-15　1914年德意志制造联盟科隆展览会海报

性和实用性相结合，没有过分的装饰，而且物美价廉。这本图集是德意志制造联盟为制定推广设计标准而出版的系列丛书的第一本。

1914年7月，当时正值德意志制造联盟举行科隆展览会前夕，在穆特休斯和威尔德周围形成了两种尖锐对立的思想。这是由穆特休斯提交德意志制造联盟采纳的几项提议所引起的。穆特休斯希望设计师更加致力于发展标准或者规范化的形式，即生产那些能以高质量而满足出口贸易所需求的东西。这些提议受到了威尔德等的反对，他们依然高度评价"青年风格"的个性，认为标准化会扼杀创造性，使设计师降格为绘图员，并且为制造商支配和控制设计师的活动提供了口实。不少穆特休斯的反对者甚至憎恨德国努力大规模出口的理想，对于他们来说，这就意味着在迎合低劣的外国趣味的同时，德国的民族特色将丧失殆尽，还意味着为了便宜而牺牲质量。为了保持德意志制造联盟的团结，穆特休斯不得已撤回了自己的提议。尽管如此，这些提议的影响还是很大的。这场在第一次世界大战前发生于联盟内部的争论表明，一些成员的思想比起英国工艺美术运动时有了很大的飞跃。尽管工艺美术运动最初启发了联盟的成立，但穆特休斯从未毫无保留地接受它。他的目的是了解有什么东西可以从英国学来而造福于德国，而不是亦步亦趋。一直到19世纪德国才获得统一，工业化比英国要晚得多，德国人意识到有大量的领域有待开拓。另外，由于德国工业较新，没有什么传统的束缚，也更乐意尝试新的设计方法。

第一次世界大战期间，德意志制造联盟在中立国举办了一系列有影响的展览。自此以后，

德意志制造联盟逐渐把目光从国外转向国内，其思想中的"国际主义"因素让位于"较实际面对经济状况"的态度，强调把设计作为改善国家经济状况的一种手段。

德国工业同盟不仅是德国现代主义设计的发源地，对世界工业设计思想的形成和工业的发展也起到了重要的推动作用。第一次世界大战使德意志制造联盟活动中断，但它所确立的设计理论和原则，为德国和世界的现代主义设计奠定了基础。

第二节　荷兰风格派

第一次世界大战期间，荷兰作为中立国而与卷入战争的其他国家在政治上和文化上相互隔离开来。在极少外来影响的情况下，一些接受了野兽主义、立体主义、未来主义等现代观念启迪的艺术家开始在荷兰本土努力探索前卫艺术的发展之路，形成著名的风格派。风格派是由建筑师、画家、设计师和诗人所组成的组织松散的团体，其实并没有具体的组织形式，它的一些主要成员彼此接触不多，甚至从未谋面，但他们有相似的美学观念。风格派艺术家主要通过1917年在莱顿城创建的《风格》月刊交流各自的思想，风格派由此而得名。

风格派产生于第一次世界大战期间。艺术家们看到了社会的矛盾和混乱，看到了资本主义社会的腐朽。他们不懂得社会发展的规律，误以为可以用精神和艺术来拯救社会，可以用几何的、规则的抽象线条与色彩来建立一个精神王国，以取代资本主义世界。所以说，风格派的思想基础是唯心主义和空想社会主义。风格派同时深受理性哲学和神智学的影响，强调规律对个人化的超越：自然的对象是人，人的对象是风格。对于风格派的艺术目标，蒙德里安更喜欢用"新造型主义"一词来表达。他把"新造型主义"解释为一种手段，"通过这种手段，自然的丰富多彩就可以压缩为有一定关系的造型表现。艺术成为一种如同数学一样精确地表达宇宙基本特征的直觉手段"。艺术的最终目的"不是通过消除可辨别的主题去创造抽象结构"，而是"表现它在人类和宇宙里所感觉到的高度神秘"。风格派正式成立于1917年，其活动持续到1931年。

一、风格派的核心人物

1. 特奥·凡·杜斯堡

特奥·凡·杜斯堡（Theo van Doesburg）对现代艺术运动非常感兴趣，经常撰写文章进行评论。1915年，他写了一篇文章，赞扬蒙德里安那些将树木、教堂等主题一步步引向抽象的系列画。蒙德里安读到该文后便到处寻找作者。杜斯堡自己也在绘画中进行与蒙德里安相似的抽象实验。他甚至比蒙德里安还要早地认识到直线在艺术中至高无上的重要性，他想给他的杂志起个名字叫作《直线》。

1917年，杜斯堡与几位荷兰先锋艺术家共同创办《风格》杂志。这份有影响的杂志自6月16日创刊以来，为风格派的思想传播和作品汇合做出了很大贡献。1921年，杜斯堡离开荷兰，到中欧各地做巡回演讲。在各地，尤其是在魏玛的包豪斯学院，他成为轰动一时的人物。杜斯堡是《风格》杂志的创刊人和主持者，同时也是该杂志重要的撰稿人。杜斯堡创办刊物的目的是表达部分艺术家和设计师的观念，试图搭建艺术与设计的桥梁。他用好几个笔名在该杂志发表文章，让别人以为那些文章是由不同国籍的好几个人所写，从而人为地扩大了风格派的影响。杜斯堡曾对风格派一词的由来这样解释："风格是出自我在1912年的阐述：剥去本质的外形，那么你就能得到风格。"

杜斯堡是一位极有号召力的理论家、演说家和宣传家。风格派的闻名遐迩与杜斯堡的大力宣传也是密切相关的。他在战争以后遍游欧洲大陆，通过演讲和宣传，使风格派的美学思想传遍欧洲各地，并对包豪斯产生难以估量的影响。1924年，杜斯堡的艺术思想与蒙德里安的新造型主义观念产生分歧与冲突。他在继续提倡画面直角因素的同时，放弃了蒙德里安所坚守的"垂线—水平线"图式，从而把斜线引入其绘画创作之中。这导致了蒙德里安1924年在《风格》杂志发表最后一篇文章以后，便与之分道扬镳。

2. 彼埃·蒙德里安

彼埃·蒙德里安（Piet Cornelies Mondrian），荷兰画家，风格派运动幕后艺术家和非具象绘画的创始者之一，对后世的建筑、设计影响很大。

1917年蒙德里安在《风格》杂志发表创作理念。1918年签署了反战、反个人主义，宣扬和平团结的"风格派宣言"。蒙德里安想利用艺术将生命升华，利用抽象的造型与中性的色彩来传达秩序与和平的理念。在1919—1938年这一时期，蒙德里安发现了新的个人形式。他使用更基本的元素创作（直线、直角、三原色）组成抽象画面，此时期的代表作是"线与色彩的构成"，其色彩柔和，充满轻快和谐的节奏感。此后，他已完全不画眼睛看见的实物，而把绘画语言限制在最基本的元素上，最基本的元素包括直线、直角、三原色（红、黄、蓝）和三非原色（白、灰、黑）。这种画被称为新造型主义。

3. 格里特·托马斯·里特维尔德

格里特·托马斯·里特维尔德（Gerrit Th. Rietveld）生于乌得勒支市，是世界著名的建筑与工业设计大师。他将风格派艺术从平面延伸到了立体三度空间，是风格派最有影响的实干家之一。里特维尔德的父亲是当地一位职业木匠，里特维尔德从7岁起就开始在父亲的作坊中学习木工手艺。1911年他开设了自己独立的木工作坊，同时开始以上夜校的方式学习建筑绘图。1918年里特维尔德设计了一张具有宣言性质的几何形椅子，称为红蓝椅（图3-16）。红蓝椅的理性化设计与设计家对第一次世界大战的反思和对抗有着内在的联系，在形式上，它是蒙德里安的作品《红、黄、蓝的构图》的立体化翻译（图3-17）。

图3-16 里特维尔德设计的红蓝椅

图3-17 蒙德里安的《红、黄、蓝的构图》

1918年里特维尔德制作了著名的红蓝椅的雏形，这个设计被看作他全部作品的钥匙，是他思想的宣言。这把椅子的整体都是木质结构，红蓝椅的设计巧妙地控制和考量直线以及横竖面之间的相互作用，以13根相互垂直的机制木条形成椅子的空间结构，加上两片木板作为椅背和椅面，构成了大小不同的矩形。他放弃了传统木工的榫接方式，而采用隐匿的对锁螺栓固定各部分，使每个构件相互区别，也防止破坏整体结构，无论从哪个角度看，它都呈现出理性之美。红蓝椅的设计表达了很强的空间限定与流动性。这把椅子最初被涂以灰黑色，后来，里特维尔德通过使用单纯明亮的色彩来强化结构，使其完全不加掩饰，重新涂上原色。椅子的椅背漆成红色，椅面漆成蓝色，木条漆成黑色，木条的端部漆成黄色，表示木条只是连续延伸的构件中的一个片段而已。里特维尔德说："结构应服务于构件间的协调，以保证各个构件的独立与完整。这样，整体就可以自由和清晰地竖立在空间中，形式就能从材料中抽象出来。"他在这一设计中创造的空间结构可以说是一种开放性的结构，这种开放性指向了一种"整体性"，一种抽离了材料形式上的整体性。里特维尔德设计的这款椅子不是用来给任何人坐的，它展示了一种设计概念，也影响了一代设计师。从功能上说，这把椅子是不舒服的，但是通过展示，它证明了产品的最终形式取决于结构。设计师可以给功能赋予诗意的境界，这是对工业美学的阐释。而且这种标准化的构件为日后批量生产家具提供了潜在的可能性。它与众不同的现代形式，终于摆脱了传统风格家具的影响，成为独立的现代主义趋势的预言。因此，集中体现了风格派哲学精神和美学追求的红蓝椅成为现代主义在形式探索上的一个非常重要的里程碑性的作品。红蓝椅无疑是20世纪艺术史中最富创造性和最重要的作品。

里特维尔德将建筑式空间的创新概念引入家具设计之中，并将家具与艺术结合，以颜色展现物料精神，设计极富创意。他非常偏爱单纯的线条、颜色，利于大批量制造。这种简洁的设计概念深刻地影响了日后的设计界。里特维尔德创作的每件家具都极富创意。他将建筑式空间的新概念，独特地呈现在他所设计的家具上，控制了最完美的比例，线和面在每个角落相遇，均呈现出物品设计和空间的奇幻组合。里特维尔德的作品以其完美和简洁的物质形态反映了风格派的哲学，并向人们表明，抽象原理可以产生出令人满意的作品（图3-18至图3-22）。

图3-18 里特维尔德设计的Buffet橱柜

图3-19　里特维尔德设计的berlin椅

图3-20　里特维尔德设计的divan桌

图3-21　里特维尔德设计的钢管框架椅

图3-22　里特维尔德设计的steltman椅

　　1924年，里特维尔德设计了他一生中最重要的，也是建筑设计史上非常重要的建筑"施罗德住宅"（图3-23），这座建筑被建筑学界公认为"现代主义建筑风格派的立体化体现"。这座建筑通过使用构件的重叠、穿插以及使用原色来强调不同构件的特点，创造了一个开放和灵巧的建筑形象。这座建筑是在空间的三度范围内，利用点、线、面的大小、色彩、位置排列组合，显示出精确与秩序，而这些都是统一在一个方盒子的空间之内，这是外部与内部、现象和本质的关系体现。室内设计也体现了和室外一样的灵活性，内部空间利用家具和可移动的屏风来划分，可满足不同的使用要求，室内和室外一样，都以色彩来区分不同的部件，极富装饰意味。其设计思想和手法都与红蓝椅如出一辙，建筑风格完全是风格派的立体化体现，同时也贯彻着杜斯堡的设计理论和蒙德里安的艺术理念。仅此两项，就足以奠定里特维尔德在现代设计中的大师地位。

图3-23 里特维尔德设计的施罗德住宅

1934年里特维尔德设计了"Z"形椅（图3-24），椅子的脚、座椅及靠背都摆脱了传统椅子的造型，非常节省空间。"Z"形椅以四块分离的原木平面构成一个"Z"形的特殊形体，精巧的楔形榫和三角结构接合每一个块体，此结构不但可以分散受力，还可以强化整体的结构，以达到特殊造型而又展现出极简的力学美。它在最直接的功能上扫除了落座者双腿活动范围内的任何障碍。这件惊世之作的设计理念，一般都以为是为回应杜斯堡在1924年发表的理论呼吁："要在艺术构图的竖直和水平的元素之间引入斜线解决横竖构图元素之间的冲突。"

图3-24 里特维尔德设计的"Z"形椅

二、风格派的特征

风格派从一开始就追求艺术的"抽象和简化"。它反对个性，排除一切表现成分而致力于探索一种人类共通的纯精神性表达，即纯粹抽象。艺术家们共同关心的问题是：简化物象直至本身的艺术元素。因而，平面、直线、矩形成为艺术中的支柱，色彩亦减至红黄蓝三原色及黑白灰三非原色。艺术以足够的明确、秩序和简洁建立起精确严格且自足完善的几何风格。风格派具有以下几个鲜明的特征：

（1）把传统的建筑、家具和产品设计、绘画、雕塑的特征完全剥除，变成最基本的几何结构单体，或者称为元素。

（2）把几何结构单体进行结构组合，形成简单的结构组合，但在新的结构组合当中，单体依然保持相对独立性和鲜明的可视性。

（3）艺术家对于非对称性的深入研究与运用。

（4）造型上，反复运用纵横几何结构；色彩上，重视基本原色和三非原色（黑、白、灰）。

以上几点特征可以从蒙德里安的作品中很清晰地看出。

三、风格派的影响

荷兰风格派作为一种艺术运动，并不局限于绘画，风格派的艺术实践是多方面的，它对当时的建筑、家具、装饰艺术以及印刷业都有一定的影响。风格派对于世界现代主义的风格产生了很大的影响，它简单的几何形式，以三非原色（黑、白、灰）为主的色彩计划，以及立体主义造型和理性主义的结构特征在两次世界大战之间成为国际主义风格的标准符号。应该说，并没有一个统一的、一成不变的风格派风格，真正的风格派是变化的、进步的，它的精神是改革和开拓，它的目的是未来，它的宗旨是集体与个人、时代与个体、统一与分散、机械与唯美的统一。风格派对20世纪的现代艺术、建筑学和设计产生了持久的影响。这种探索成果至今仍然影响着各国设计师的造型和风格，在今天的生活中也依然能够看到风格派的影子。

第三节　俄国构成主义

俄国构成主义又称结构主义，在艺术上也称为"至上主义"运动，是俄国十月革命胜利前后在俄国的一小批先进知识分子当中产生的前卫艺术运动，形式上受到立体主义和未来主义的影响。构成主义这个名字源于1922年史汀宝（Stenberg，V）等艺术家在莫斯科诗人咖啡厅联展时展出目录所用的字眼"Constructivists"，这个字眼的意思是"所有的艺术家都该到工厂里去，在工厂里才可能造就真实的生命个体"。所以这个派别的艺术家放弃了传统艺术家躲在赞助人支持的画室的概念，而将艺术家与大量生产、工业联系起来，同时希望能界定出新的社会与政治秩序。所以构成主义有着很清楚的政治动机：将艺术置于"服务、构成"这样一个新社会的位置。同样因为这个政治立场，构成主义不喜欢用设计师、设计品这样的字眼，他们通常用"产品艺术"这样的字眼取代"设计品"这个字眼。基于构成主义的"反艺术"观点，俄国构成主义有意地避开使用传统的艺术媒材（如油画颜料、帆布）；也有意地避开使用革命前的图像。所以艺术品是由既成物或既成材料构成制造出来的（如木材、金属、照片、纸张等）。构成主义标榜艺术的思想性、形成性和民族性，采用圆形、矩形和直线为主要艺术语言，最早出现在雕塑领域，而后发展到绘画、艺术、音乐、建筑设计、产品设计等领域。

一、构成主义的风格来源

1. 分解与重构——立体主义

立体主义产生并形成于第一次世界大战前夕的法国,它的基本原则是用几何图形来描绘客观世界。立体主义的艺术家追求碎裂、解析、重新组合的形式,形成分离的画面——以许多组合的碎片形态作为艺术家们所要展现的目标。立体主义的创始人给立体主义下了这样一个定义:把我们所看到的一切,只是作为一系列各种不同平面、表面的一定分割来理解,这就是立体主义。毕加索是立体主义的代表人物之一(图3-25)。

图3-25 毕加索第一件立体主义作品——《亚威农的少女》

2. 速度之美的展现——未来主义

未来主义是第一次世界大战之前首先出现于意大利的一个文学艺术思想流派。它对资本主义的物质文明大加赞赏,对未来充满希望。作家兼文艺评论家马里内蒂于1909年2月在《费加罗报》上发表了《未来主义创立和宣言》一文,这标志着未来主义的诞生。马里内蒂在《未来主义创立和宣言》中宣言工厂、机器、火车、飞机等的威力,赞美现代大城市,对现代大城市生活的运动、变化、速度和节奏表示欣喜。对于未来主义而言,机器既是抽象的基础,也能用于比喻。在绘画作品中,未来主义试图表现现代生活的活力,即都市中人群的运动及汽车、火车的高速飞驰等,它还将一些普通的批量生产的产品作为描绘的主题(图3-26和图3-27)。未来主义对于机器的崇拜确立了它在现代美学中的核心地位。

图3-26 墨菲创作的油画《剃须刀》

图3-27 席勒创作的油画《上甲板》

3. 至上派——纯抽象艺术

俄罗斯画家卡西米尔·塞文洛维奇·马列维奇（Kazimir Severinovich Malevich）用正方形、三角形、圆形等纯粹的几何图形和单纯的黑、白色结构出的画面排除了一切再现因素，感觉至上，表现了"纯粹的情感"和"单纯化的极限"，从而使绘画被一下子推向了非具象的极端。照他自己的话说，要把艺术从物体的重压下解放出来。在他的《非客观的世界》一书里，他说道："客观世界的视觉现象本身是无意义的，有意义的东西是感觉，因而是与环境完全隔绝的，要使之唤起感觉。"马列维奇称这种观点为"至上主义"。马列维奇的第一件作品是1913年的《白底子上的黑方块》（图3-28），在他看来，画中所呈现的并非是一个空洞的方块。最后一件作品是1919年的《白底子上的白方块》（图3-29），这标志着"至上主义"终极性的作品，彻底抛弃了色彩的要素。白底子上的白方块，微弱到难以分辨的程度。它仿佛弥漫开来，并在白炽光的氛围里重新浮现。在这里，马列维奇似将进入一种难以用肉眼看见、难以用心灵体察、难以用感觉品味的境地。所有关于空间、物体、宇宙规律的当代观念，在这里都变得毫无意义。画家所要表现的是某种最终解放之类的状态，即某种近似的状态。这是至上主义精神的最高表达（图3-30）。

图3-28 马列维奇的《白底子上的黑方块》

图3-29 马列维奇的《白底子上的白方块》

图3-30 马列维奇的其他作品

二、构成主义的代表人物

1. 亚历山大·罗德琴科

在构成主义运动中，亚历山大·罗德琴科（Alexander Rodchenko）属于追求艺术的实用性及功利性价值的一类人。他是一个多才多艺的人，不仅擅长绘画和雕塑，而且是一位出色的摄影家和设计师。他出生于圣彼得堡，早年在奥德萨的喀山美术学校和莫斯科施特罗戈诺夫实用美术学校学习。1913年，他放弃了学院式的训练，开始尝试非写实风格的绘画创作。

罗德琴科于1919年开始参与塔特林的构成主义实验。他利用木头、金属等材料制作了一些立体构成的作品，其中有些还是活动的装置。例如，他创作于1920年的《距离的构成》是用长方形木块搭积木般构成的立方体组合。同年所创作的另一件作品《悬吊的圆环》是以许多大小不一的圆环交叉组合而成的，看上去像个鸟巢，也像物理学家显示原子结构的立体模型。那些交错的圆环不仅在视觉上富于动感，而且会随着气流真正地缓缓转动。这也许是最早把实际运动引入构成雕塑的作品之一。在1914—1915年，受到马列维奇的影响，他借助直尺和圆规，绘制了一些几何风格的画。后来在塔特林的影响下，他又成为马列维奇"至上主义"艺术的反对者（图3-31）。

2. 弗拉基米尔·塔特林

弗拉基米尔·塔特林（Vladimir Tatlin）是俄罗斯构成派的中坚人物。他出生于工程技术家庭，很早就在社会上独立谋生，当过水兵、画家助手、剧院美工等。1909年他考入莫斯科绘画、建筑、雕刻学校，一年后退学。从1911年起他陆续在前卫艺术展览上展出作品。1913年他来到巴黎，怀着仰慕之情拜访了毕加索。毕加索以铁皮、木板、纸片等实物材料所作的拼贴作品，给他留下了极深刻的印象。他从毕加索那里得到启发，创作了"绘画浮雕"（图3-32）但比毕加索走得更远，塔特林的"构成"作品彻底抛弃了客观物象，完全以抽象形式出现。"绘画浮雕"是塔特林悉心

图3-31　罗德琴科设计的棋桌

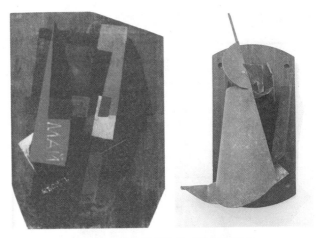

图3-32　塔特林创作的"绘画浮雕"

实验的一个典型：在一块木板上钉着不同形状的竹片、皮革、金属片和铁丝，将它们组合在一起，彼此呼应和联系，构成了一个独立的艺术世界。

塔特林认为雕塑不应是体量艺术，而是空间艺术。他将立体主义的二度抽象构成转化成三度抽象。他在1919—1920年完成的第三国际纪念塔是构成派最重要的代表作品（图3-33），对欧洲新建筑运动产生了重大的影响，成为"构成主义"的宣言式作品。如果这座纪念塔建成，将比1931年的纽约帝国大厦（120层，高318米，在21世纪70年代以前，一直保持着世界建筑物最高纪录）还要高出一倍，其中心体是由一个玻璃制成的核心、一个立方体、一个圆柱合成的。这一晶亮的玻璃体好像比萨斜塔那样，倾悬于一个不对等的轴座上面，四周环绕钢条做成的螺旋梯子。玻璃圆柱每年环绕轴座周转一次，里面的空间，划分出教堂和会议室。玻璃核心则一个月周转一次，内部是各种活动的场所。最高的玻璃方体一天调转一次，就是说，在这件巨大的雕塑上，或者说建筑物上，它的内部结构有一年转一周、一月转一周和一天转一周的特殊空间构成。这些空间构成作为消息的中心，可以不断地用电报、电话、无线电、扩音器等无线电通信手段向外界发布新闻、公告和宣言。据塔特林说，第三国际纪念塔是把纯艺术形式（绘画、雕塑、建筑）和实用融为一体。这也是他倡导的"各种物质材料的文化"的构成主

义理论的一个实验。由于他的艺术创作与观念不适应当时苏联的无产阶级艺术标准，这个模型未能付诸实践。尽管第三国际纪念塔最终未能建成，但其设计方案及模型举世闻名，给人留下了深刻印象，对现代设计运动产生了深远影响，该模型成为十月革命的丰碑。

1927年塔特林以一件非常独特的、新潮的"塔特林椅"（图3-34）为现代家具设计增添异彩。他的想法超出常规且大胆，其最初的模型竟用弯曲的木料及帆布制成，几十年后，后人将它用钢管制作出来，更加认识到这真正是一件构思极为巧妙的家具。

塔特林对材料、空间和结构有着深入的研究。他认为艺术家要熟悉技术，应该也能够把生活的新需求倾注到设计创意的模式中来。与马列维奇相比，他更加重视物质和生产的作用，并深入工厂车间，身体力行地进行服装、家具、陶瓷等实用品的设计工作并卓见成效。

 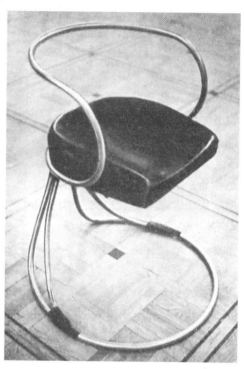

图3-33　塔特林设计的第三国际纪念塔　　图3-34　塔特林设计的"塔特林椅"

三、构成主义的主要特征

构成主义的作品是半抽象或抽象的，主张用长方形、圆形、直线等构成半抽象或抽象的画面或雕塑，注重形态与空间之间的影响。其遵循理性主义，用几何形体和简约抽象的色彩概括客观对象，这些特性与大机器批量生产的标准化、机械化技术要求正好合拍，成为大机器生产的必然选择和最佳选择。强调艺术的自由与独立，追求艺术形式的纯粹性。构成主义简单、明确，采用简单的纵横版面编排为基础，以简单的几何图形和纵横结构来进行平面装饰。强调几何图形的运用与对比，通常直接展示结构、直线。构成主义不注重风格，而更注重功能性，是视觉实用主义。

四、构成主义的影响

构成主义在设计上的作用不逊色于德国的包豪斯和荷兰的风格派,认为技术和艺术不可分,"结构"是设计的起点,这一观点也成为现代主义设计,尤其是建筑设计的起点,也是构成主义对包豪斯影响的主要表现。在广告和图形设计领域,构成主义和荷兰的风格派相呼应,体现了几何形体及空间转换的构思效果,在国际上产生了一定影响。

构成主义产生出许多计划、构想图和模型,然而,这些从未真正大量生产出来,在俄罗斯的工业设计里,它从未实现彻底贡献新社会的理想。构成主义的探索,从根本上改变了艺术"内容决定形式"的原则,其立场是"形式决定内容"。

第四节 柯布西耶与机器美学

勒·柯布西耶(Le Corbusier),是20世纪最重要的建筑师之一,是现代建筑运动的激进分子和主将,被称为"现代建筑的旗手"。柯布西耶出生于瑞士西北靠近法国边界的小镇——拉绍德封,这个城市对他有着相当大的影响。城市曾经在18世纪被大火完全烧毁,在重新规划建筑后,具有非常单纯的、近乎单调的、几何式的、棋盘式的布局,柯布西耶对此印象深刻。他的父母从事钟表制造,少年时在故乡的钟表技术学校学习,对美术非常感兴趣。1907年他先后到布达佩斯和巴黎学习建筑,在巴黎向以运用钢筋混凝土而著名的建筑师奥古斯特·贝瑞学习,后来又到德国贝伦斯事务所工作,贝伦斯事务所以尝试用新的建筑处理手法设计新颖的工业建筑而闻名,在那里他遇到了同在工作的格罗皮乌斯和密斯·凡·德·罗,他们互相之间都有影响,一起开创了现代建筑的思潮。

1920年柯布西耶与画家阿曼蒂·奥曾方共同合编前卫刊物《新精神》。该刊物讨论了有关人文科学范畴内各个方面的问题,特别集中于艺术、文学及哲学思想的讨论,并宣传有关建筑设计与城市规划的现代思想。1923年柯布西耶将他为《新精神》撰写的一系列文章集中起来,出版了第一本论文集《走向新建筑》。《走向新建筑》是一个完整的现代主义建筑宣言,其中心思想很明确,就是激烈否定19世纪以来因循守旧的建筑观点、复古主义和折中主义建筑风格,主张创造新时代的新建筑。在这本书中他给住宅下了一个新的定义,他说:"住房是居住的机器,如果从我们头脑中清除所有关于房屋的固有概念,而用批判的、客观的观点观察问题,我们就会得到:房屋机器——大规模生产房屋的概念。"这也是他最受非议的著名论点。他主张用理性精神来创造满足人类实际需求、功能完美且适合大规模生产的房屋,即"居住机器"。柯布西耶认为"规模宏大的工业必须从事建筑活动,在大规模生产的基础上建造房屋的构件"。柯布西耶的观点包含了现代主义设计的精神实质,即住房与机械的形式都是寻求功能的结果,都是适应需求的、有用的、客观的、经济的。这种和谐的美源于机械工业,机器造型中的简洁、秩序和几何形式体现了新的时代精神,而符合人民居住需要的房屋也应向机器批量生产和标准化方向发展。这正是柯布西耶代表着20世纪新时代的机器美学设计思想。柯布西耶对于机器的颂扬在理论上的反映就是"机器美学"。"机器美学"追求机器造型中的简洁、秩序和几何形式以及机器本身所体现出来的理性和逻辑性,以产生一种标准化的模式。其视觉表现一般是以简单立方体及其变化为基础的,强调直线、空间、比例、体积等要素,并抛弃一切附加的装饰。所谓"机器美学",就是用净化了的几何形式来象征机器的效率和理性,反映工业时代的本质特点。

1925年,柯布西耶为巴黎国际现代装饰与工业艺术博览会设计了著名的新精神馆(图3-35),其主要理念是将别墅的生活品质带入现代的摩天大楼,依据此种理念建造了一个单元。这是一座小型住宅,试图最大限度地利用场地。这座建筑使用标准化批量生产的构件和五金件,犹如一幅现代生活的美好画卷。这个设计为柯布西耶赢得了国际评审团给予的展览会大奖,这是他得到国际公认的重要起点。

1926年柯布西耶提出了他的"新建筑"的五个特点:
(1)底层架空:主要层离开地面,独特支柱使一楼挑空。
(2)自由立面:由立面来看各个楼层像是个别存在的,楼层之间不互相影响。
(3)横向长窗:大面开窗,可得到良好的视野。
(4)自由平面:各层墙壁位置端看空间的需求来决定。
(5)屋顶花园:将花园移至视野最广、湿度最少的屋顶。

柯布西耶充分发挥这些特点,在20世纪20年代设计了一些与传统的建筑完全异趣的住宅建筑。萨伏伊别墅是具有这些特点的著名的代表作品(图3-36)。该建筑由柯布西耶于1928年设计,1930年建成,使用钢筋混凝土结构。这幢白房子表面看起来平淡无奇,简单的柏拉图形体和平整的白色粉刷的外墙,简单到几乎没有任何多余装饰的程度,唯一可以称为装饰部件的是横向长窗,这是为了能最大限度地让光线射入而设计的。萨伏伊别墅的设计建造深刻地体现了现代主义建筑所提倡的新的建筑美学原则,成为后来很多建筑的典型模范。

柯布西耶常常自己进行室内设计和家具设计,主要是为了获得和谐统一的整体环境。1928年他设计的躺椅是他在家具设计中的功能主义代表(图3-37)。躺椅的每一个角度都对人体做出最佳承托,使用者可以自由选择仰靠角度,还可以将椅身取下来当摇椅坐。起伏的弯曲钢管框架是当时流行的材料,底座使用的是廉价的生铁材料制成,软垫则有黑色皮革、三色真皮(黑、棕、白)等几种选择。上下分开的结构有一种让椅身飘在空中的感觉,躺椅由于坐、躺非常舒服,时常被人们描述为"休息的机器"。这把躺椅上下分开的结构反映了当时流行的"纯净主义"的概念。同年,柯布西耶还设计出了"豪华舒适"的沙发椅(图3-38),这体现了他追求家具设计中的以人为本,特别是以人的舒适感为本的设计倾向。这件沙发椅被看作对法国古典沙发所进行的现代诠释:以新材料、新结构来设计新的沙发椅。简化与暴露结构最直接表现了现代设计的特点,几块立体方皮垫依次嵌入钢管框中,被称为"满是垫子的盒子"。这既是一件高贵的家具,又是一件使用非常方便的家具。在1928年,柯布西耶团队又设计出了轻便款的超级舒适椅——Basculant Chair(图3-39)。它在视觉上和实际上都很轻便,成为普通休闲场所很受欢迎的家具。与前两种根本不同的是,这把椅子的上下两部分支撑构架和主体构架是融为一体的。主体构架的材料是钢管,但柯布西耶用焊接的方式形成主体构架,这样使这件设计更像机器形象,整体看上去像一张开动的机器,反映出当时机器大生产时代对每个设计师的影响。这也正是柯布西耶一贯提倡的,尤其是用作扶手的皮带完全类似于机器上的传送带,而靠背悬固在一根横轴上更增加了一种机器上的运动感。

柯布西耶是一位想象力丰富的建筑师、家具师。他用格子、立方体进行设计，还经常用简单的方形以及三角形等图形建成看似简单的模式。作为一名艺术家，柯布西耶懂得控制体积、表面以及轮廓的重要性，他所创造的大量抽象的雕刻图样也体现了这一点。因此，在柯布西耶的设计中，通过大量的图样以产生一种栩栩如生的视觉效应占据了支配地位。他是现代主义建筑的主要倡导者，机器美学的重要奠基人，是功能主义建筑的泰斗，被称为"功能主义之父"。

图3-35　柯布西耶设计的新精神馆

图3-36　柯布西耶设计的萨伏伊别墅

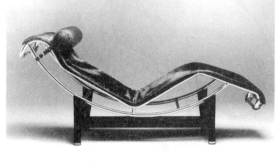

图3-37　柯布西耶设计的躺椅

图3-38　柯布西耶设计的沙发椅

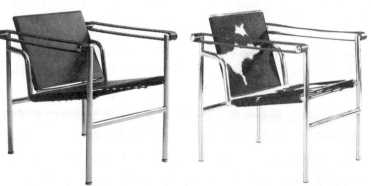

图3-39　柯布西耶设计的Basculant Chair

第五节　密斯与"少就是多"

密斯·凡·德·罗是现代主义建筑设计最重要的大师之一。他通过一生的实践,明确了现代主义建筑风格。密斯1886年3月27日出生于德国亚琛市的一个普通的石匠家庭,这个城市古老而简洁的建筑给他留下了强烈印象,而石匠家庭出身的背景使密斯很早就娴熟地掌握了材料的使用,最初是石料,而后则是钢和玻璃这两种现代建筑材料。1907年,他与格罗皮乌斯一同在贝伦斯的设计事务所工作,受到贝伦斯思想的影响。通过自己的努力,密斯逐步奠定了在建筑界的地位。

1927年,密斯设计了"先生椅"(图3-40)。这把以弯曲钢管制成的悬挑椅显然受到一两年前布劳耶作品的启发,但以弧形表现了对材料弹性的利用,密斯在这里的弧形构图令人很容易回想起半个世纪以前的蒂奈特所设计的弯曲木摇椅。这把"先生椅"后来又被密斯以同样的构图手法直截了当地加上扶手,显得天衣无缝,更加高雅。1931年,密斯在最初"先生椅"的基础上设计出了一系列躺椅(图3-41)。

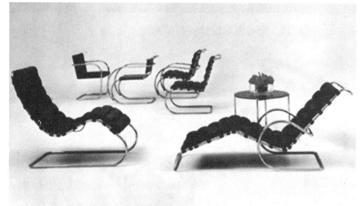

图3-40　密斯设计的"先生椅"　　　　　图3-41　密斯设计的一系列躺椅

1928年,密斯提出了"少就是多"的名言,提倡纯净、简洁的建筑表现。"少就是多",其具体内容寓意有两个方面:一是简化结构体系,精简结构构件,使之产生没有屏障或屏障很少的可做任何用途的建筑空间;二是净化建筑形式,精确施工,使之成为不附有任何多余东西的只是由直线、直角组成的规整的钢和玻璃方盒子。这是一种提倡简单、反对过度装饰的设计理念。

1929年,密斯被委任设计巴塞罗那国际博览会的德国馆(图3-42)。它是一座供人观赏的亭榭,本身就是展览品。这座德国馆建立在一个基座之上,主厅有8根金属柱子,上面是薄薄的一片屋顶。大理石和玻璃构成的墙板也是简单光洁的薄片,它们纵横交错,布置灵活,形成既分割又连通、既简单又复杂的空间序列;室内室外也互相穿插贯通,没有截然的分界,形成奇妙的流通空间。整个建筑没有附加的雕刻装饰,然而对建筑材料的颜色、纹理、质地的选择十分精细,搭配异常考究,比例推敲精当。整个建筑物显出高贵、雅致、生动、鲜亮的品质，向人们展示了历史上前所未有的建筑艺术质量。该展馆对20世纪建筑艺术风格产生了广泛影响，德国馆的整体设计体现了密斯的功能主义立场和早期的减少主义倾向，同时也有针对西班牙皇室的贵族气派。密斯由此成为世界公认的设计大师——可以说，巴塞罗那国际博览会的德国馆是密斯设计生涯上的重要转折点和里程碑。

图3-42　密斯设计的巴塞罗那国际博览会的德国馆

巴塞罗那国际博览会的德国馆之所以备受瞩目，也是因为其优雅而单纯的现代家具——巴塞罗那椅。这是密斯和德国重要的产品设计师李丽·莱施（Lilly Reich）共同精心设计的作品。该椅子的结构是钢片交叉弯曲，靠背与座位交叉相反的曲线，不仅造型简洁漂亮，而且坐起来特别舒适。钢片具有强烈的工业感，座椅的设计却宽大且具有很强烈的贵族气派。这把巴塞罗那椅的雏形最早用在捷克布尔诺的图根哈特住宅中，是一个逐步发展出来的成果。密斯早先设计钢片结构，是用铆钉方式连接起来的，1950年重新设计，才是人们现在看到的这种不锈钢无缝的结构（图3-43）。早先的椅垫皮革用的是象牙色（米黄色），

图3-43　巴塞罗那椅

在重新设计的时候改成现在常见的波文涅黑色皮革。巴塞罗那椅开创了现代简约风格家具的先河。

密斯的设计与柯布西耶的建筑理念大相径庭。他不喜欢大规模的区域设计，对于单独的建筑兴趣更大。在密斯的建筑作品中，擅长使用大片玻璃和钢结构，几乎在他的绝大多数作品中，两者都是最显眼的，他可以被称为玻璃幕墙的缔造者。

第六节　格罗皮乌斯与包豪斯

德国是最早开展现代设计教育的国家，包豪斯设计学校的教学体系一直是今天设计教育的基本模式。德国重质量、重功能、重技术的设计思想成为现代设计思想的核心。

一、瓦尔特·格罗皮乌斯

瓦尔特·格罗皮乌斯（Walter Gropius）是德国现代建筑师和建筑教育家，现代主义建筑学派的倡导人和奠基人之一，公立包豪斯学校的创办人。1907—1910年在柏林建筑师贝伦斯的建筑事务所任职。其间他一方面积极参加德意志制造联盟的活动，另一方面受贝伦斯的影响，探索建筑设计领域的新思想。

1910年，他与建筑师迈耶合作，在柏林开设建筑事务所，次年两人合作设计了德国法古斯工厂（图3-44）。德国法古斯工厂是一座由10座建筑物组成的建筑群。它的整个立面以玻璃为主，采用了大片玻璃幕墙和转角窗，在建筑的转角处没有使用任何支撑。厂房建筑按照制鞋工业的功能需求设计了各级生产区、仓储区以及鞋楦发送区。一直到今天，这些功能区依然可以正常运转。法古斯工厂的设计开创性地运用了功能美学原理，这是格罗皮乌斯早期的一个重要成就，也是第一次世界大战前最先进的一座工业建筑。该建筑因具有良好的功能和现代的外形，一经问世立即引起世界各国建筑家的注意，从而使格罗皮乌斯一跃成为设计界的新星。这个工厂的建筑形态是现代主义建筑的开山之作。

1914年，格罗皮乌斯与迈耶合作，在科隆设计了德意志制造联盟展览会办公楼（图3-45），这标志着现代办公建筑的开端。该建筑采用玻璃幕墙结构，采用平屋顶，经过技术处理，可以防水，这在当时是一种新的尝试，两侧的楼梯间也做成圆柱形的玻璃塔。其结构构件的外露、材料质感的对比、内外空间的沟通等设计手法，都被后来的现代建筑所借鉴。

图3-44　格罗皮乌斯与迈耶设计的法古斯工厂

图3-45　德意志制造联盟展览会办公楼

1914年，格罗皮乌斯被推荐接替威尔德担任魏玛工艺学校校长。1914年，第一次世界大战爆发，他被征入伍，参加西线战争，办学的事情被搁置下来。1918年11月，格罗皮乌斯退役。在战争中他目睹了战争机器的大规模屠杀力量，自己也在战争中受伤，在肉体和精神上都受到了很大摧残，由此改变了格罗皮乌斯第一次世界大战前对于机器的浪漫主义态度，他开始认为机器并不单纯是积极向上的、对社会发展充满促进力量的，也具有消极的一面。

通过格罗皮乌斯早期的一些著作来看，他的思想基本上没有超出德国工业同盟的思想准则和精神境界。他和穆特休斯的观念基本一致，他们的标准概念并不是工业的概念，而是一种以美学形式的方法确定的文化标准。在如何改进工业产品方面，他相信艺术家具有"将生命注入机器产品之中"的力量，主张"艺术家的感觉与技师的知识必须结合，以创造出建筑与设计的新形势"。

1930年，格罗皮乌斯设计的阿德勒小汽车（图3-46）是20世纪20年代功能主义造型原则的典型例子。阿德勒小汽车在设计上强调实用功能和几何原则，但最终并未批量生产，这充分说明设计如果只考虑功能和生产，而忽略了消费者对于趣味性以及其他的追求，设计是难以成功的。

格罗皮乌斯来到美国后修正了他在包豪斯时期的主张，更加强调设计的艺术性与象征性。1959年他为罗森塔尔陶瓷公司设计的茶具（图3-47），就体现了这一点，造型更加"有趣"，并由拜耶设计了表面装饰。

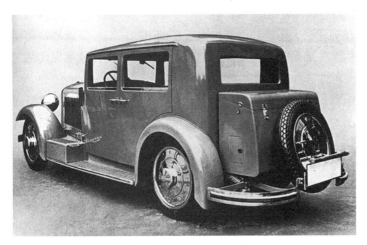
图3-46　格罗皮乌斯设计的阿德勒小汽车

图3-47　格罗皮乌斯设计的茶具

二、包豪斯

包豪斯成立于1919年4月，是在魏玛的萨克森大公国立美术学院和工艺美术学校的基础上合并而成，是世界上第一所真正为发展设计教育而建立的学院，其目的是培养新型设计人才。包豪斯的创立、发展和成就就是一部很好的现代设计教育发展史。这所由德国著名建筑家、设计师、设计理论家格罗皮乌斯创建的学院，通过十多年的努力，集中总结了20世纪初欧洲各国对于设计的新探索与实验成果，尤其是对荷兰风格派运动、俄国构成主义设计运动加以发展和完善，成为欧洲现代主义设计运动的中心，把欧洲现代主义设计运动推到了一个空前的高度。

包豪斯的发展体现了格罗皮乌斯的教育理想从朦胧到清晰的演变过程。其历史共分为三个时期：魏玛时期、德绍时期和柏林时期。

1. 魏玛时期（1919—1925）

这是包豪斯办学条件艰难而在教育上处于摸索的时期。学校刚成立时，由于它与众不同的培养目标和教学方式，招聘教师十分困难，第一批只有三人应聘，他们是表现主义画家费宁格、瑞士画家伊顿和雕刻家格哈德·马克思。在格罗皮乌斯的努力下，学校相继网罗了一大批欧洲最前卫的艺术家来校任教，如康定斯基、纳吉等人，从而增强了包豪斯的教学力量。此后，一些由双轨制教学方式培养出来的学生补充到教师队伍中，形成了一支比较充实的教师队伍。

包豪斯的教育体制源于手工艺行会，重视传授手工艺。包豪斯的教学时间为三年半，学生进校后要先进行半年基础课训练，然后进入车间学习各种实际技能，在车间中取消了"老师"与"学生"的正式称呼，代之以"师傅""工匠"和"学徒"等中世纪行会的称呼。双轨制教学方式下的教师由两部分构成：担任技术、手工艺、材料部分教育的"工作室导师"和担任形式内容、绘画、色彩与创造部分教育工作的"形式导师"。这种双轨制教学体系成功地培养出既具备现代艺术造型基础，又掌握机械生产、加工技术的新一代设计师。包豪斯的学生中涌现出了像布劳耶、布朗特等在现代设计史上非常有名的设计师。

目前，世界各艺术设计学院的基础课程大多是建立在包豪斯基础上的，而包豪斯的基础课程是由伊顿首创的，伊顿建议所有的学生必须选修基础课。他的最大成就在于开设了现代色彩学的课程。他坚信色彩是理性的，只有科学的方法能够揭示色彩的本来面貌。

伊顿笃信拜火教，并以自己的信仰影响了包豪斯的教学活动及学生的思想，这使包豪斯曾一度笼罩在神秘的宗教氛围中。伊顿十分强调直觉方法与个性发展，鼓励完全自发的和自由的表现，追求"未知"与"内在和谐"，甚至一度用深呼吸和震动练习来开始他的课程，以获取灵感。很显然，伊顿的这种做法完全是个人神秘主义色彩的表现。站在理性时代的基本工业设计训练立场来说，这些与工业设计的合作精神与理性分析相去甚远，这样的教学方法与格罗皮乌斯的办学思想发生了冲突，1921年两人发生了正面冲突，伊顿明确提出自己不同意《包豪斯宣言》，而格罗皮乌斯则坚持包豪斯最初纲领中的思想。荷兰风格派代表人物杜斯堡及构成派主要成员李西茨基先后到包豪斯讲学，对伊顿的神秘主义进行了抨击，这些原因促使伊顿于1923年辞职，由匈牙利出生的艺术家纳吉接替他。

纳吉对基础课程和教学结构进行了改革。他的教学目的是让学生掌握设计的表现技法、材料、平面与立体的形式关系和内容，以及色彩的基本科学原理。他努力的方向是要把学生从个人艺术表现的立场上转变到比较理性的、科学的对于新技术和新媒介的了解和掌握上去。他在包豪斯推进构成主义的精神，把设计当作一种社会活动、一种劳动过程，否定过分的个人表现。他从平面设计、绘画、实验电影、产品设计、家具设计等各个方面灌输自己的观点，并且身体力行地从事设计和创作，他指导学生制作的金属制品都具有非常简单的几何造型，同时也具有明确、恰当的功能特征和性能。纳吉对于包豪斯发展方向的改变起到了决定性的作用，为包豪斯教育理想树立起新的里程碑。包豪斯因此由表现主义转向理性主义。另一方面，构成主义所倡导的抽象几何形式，又使包豪斯在设计上走上了另一种形式主义的道路，而这种变化也反映了格罗皮乌斯思想的新发展。

在格罗皮乌斯的指导下，包豪斯在设计教学中贯彻了一套新的方针、方法，逐渐形成了以下特点：

（1）在设计中提倡自由创造，反对模仿抄袭、墨守成规。

（2）将手工艺与机器生产结合起来，提倡在掌握手工艺的同时，了解现代工业的特点，用手工艺的技巧创作高质量的产品，并能供给工厂大批量生产。

（3）强调基础训练，从现代抽象绘画和雕塑发展而来的平面构成、立体构成、色彩构成等基础课程成为包豪斯对现代工业设计做出的最大贡献之一。

（4）实际动手能力和理论素养并重。

（5）把学校教育与社会生产实践结合起来。

在魏玛时期的包豪斯受到各个方面的怀疑，为了减轻来自魏玛当局和社会舆论的压力，也为了让更多的人了解包豪斯的办学方针和业绩，于1923年8月15日至9月底期间，包豪斯举办了一个全面反映包豪斯教学成果的系列展览"艺术与技术，一个新的统一"。展览中不但展出了师生的产品设计、建筑模型，同时也展出了大量的学生习作。格罗皮乌斯要求师生做到每件作品都可以供给工厂大批量生产，从而体现出艺术与工业的统一、设计与生产的统一。展览部分包括：在学校大楼及走廊展出的设计及现代建筑模型；在各工厂内部展出的各教学车间的学生作品；在教室展出的理论研究及基础作业；在博物馆展出的包豪斯绘画及雕塑。实验住宅、专题演讲也是这次展览会的重要内容。展会上许多展品以新颖独特的造型、优良的材质和巧妙的技术及颇具标准化设计的特征，受到人们的普遍欢迎，并引来50余家来自欧洲各国的工厂、商店前来订购产品。格罗皮乌斯本人在展会上做了题为《艺术与技术：一个新的统一》的学术演讲。提倡艺术与技术的统一不但说明格罗皮乌斯的思想受到了德意志制造联盟的影响，也再次明确了包豪斯将朝着与工业联合的方向发展。在展会上，格罗皮乌斯还向与会者发放了他的著作《包豪斯的设想与组织》，书中阐明了他建立包豪斯的根本设想、教学方法和目标。这次活动非常成功，对于树立包豪斯的正面形象起到了非常重要的作用，使更多的人知道了包豪斯的重要成就，引起了强烈的社会反响。

1924年以后，包豪斯在魏玛地方的社会关系情况开始恶化，在右翼势力的煽动下，社会上各种各样的组织都攻击包豪斯。当地的手工艺人协会反对包豪斯，认为这所学院的实验破坏了德国手工艺的传统；部分右翼公众的愤怒是因为他们认为所缴纳的税款居然提供给这样一些政治狂人，提供给这样一所在设计造型上贫乏不堪、思想单调的低劣美术学院。包豪斯在魏玛被社会上的这些政治攻击搞得声名狼藉。1925年4月1日，包豪斯全体师生离开了居住6年的魏玛，将学校全部设备一起迁到德绍。

2．德绍时期（1925—1932）

德绍时期是包豪斯历史中最稳定，也是包豪斯教学模式走向成熟和成果最丰硕的时期。迁往德绍以后的包豪斯在教学和工作室设置方面做出了巨大的调整：首先，取消了双轨制的工作室教学方式，教师改称教授，学徒改称学生；其次，工作室缩减为6个，部分在魏玛时期设置的工作室，如玻璃画和陶瓷等工作室也不再设置。值得一提的是，包豪斯自己培养的6位优秀毕业生开始成为新一代的青年教师，以充实教学力量。

迁入德绍的包豪斯在本来的包豪斯的学校名称后面加上了一个副名称——包豪斯设计学院，这标志着包豪斯第一次明确了自己办学的目的。魏玛时期的包豪斯虽然在包豪斯宣言中就已经提出建筑的重要性，但是始终没能成立一个建筑系，直到1927年条件成熟后格罗皮乌斯任命瑞士建筑师汉斯·迈耶（Hannes Meyer）为建筑系主任。至此，包豪斯真正实现了创建之初的理想,成为一个以建筑为中心,综合一切领域的造型活动的教育研究机构。此后,建筑成了课程学习的最终要求和教学的中心,并在此基础上强调了工业化的发展模式。

格罗皮乌斯从1925年开始设计新包豪斯校舍。他利用最快的速度、最好的设计、最有效率的建筑方式于1926年完成了这个巨型校舍,以此来支持整个学院的教育运行。这个新的校舍是一个综合性建筑群,其中包括了教学空间——教室、工作室、工场、办公室、28个房间的宿舍、食堂、剧院或者礼堂、体育馆等设施,并且还包括一个楼顶的花园(图3-48)。此后这座建筑也成为现代主义设计的标志性作品之一。

图3-48　1926年建成的包豪斯校舍

德绍时期车间的教学目的和教学内容同魏玛时期有较大的转变,车间设置也发生了较大的转变。车间分为家具车间(原木工车间)、壁画车间(原玻璃画车间和壁画车间合并而成)、金属制品车间、印刷车间和编制车间五个车间,原雕塑车间和舞台车间仍存在。

包豪斯最有影响的设计出自纳吉负责的金属制品车间和布劳耶负责的家具车间。魏玛时期的金属制品设计还带有明显的手工艺特色,布兰德于1924年设计的茶壶(图3-49),虽然采用了几何形式,运用简洁抽象的要素组合传达了自身的实用功能,但是却用银以人工锻造而成,这与工艺美术运动有异曲同工之处。她设计的烟灰缸(图3-50),也同样体现了这种高雅的几何情趣。布兰德在1923年进入包豪斯的金属制品车间学习,她是包豪斯历史上唯一一位进入该系学习的女生,也是唯一一位在包豪斯时期打造了个人声誉的女性。受到纳吉的影响,她将新兴材料与传统材料相结合,设计了一系列革新性与功能性并重的产品,1927年她设计了著名的"康登"台灯(图3-51),这只可任意调节角度、有着弯曲的灯颈和稳健的底座、方便睡眼惺忪的人半夜照明的产品,在经济大萧条时期依然能卖出5万只,已经足以证明布兰德在现代设计史上的地位。这也标志着包豪斯在工业设计上趋于成熟。

在德绍中、后期形成了以纳吉为代表的构成派风格。包豪斯金属制品车间致力于用金属与玻璃结合的办法教育学生从事实习,这一努力为灯具设计开辟了一条新途径,也培养出了一批杰出的学员如布兰德、华根菲尔德等。华根菲尔德出生于德国不来梅,早年曾在银具厂工作,并接受过艺术教育,1923年开始在包豪斯就学、任教,几乎是在包豪斯度过了一生。在包豪斯的金属制品车间,华根菲尔德创作出了许多经典之作,如1923年设计了著名的MT8镀铬钢管台灯(图3-52),迄今仍有生产。MT8镀铬钢管台灯是包豪斯风格的典型代表,拥有乳白色的透明玻璃罩、空心透明玻璃柱、实心玻璃底座、金属质地的支架等工业化构成要素装配而成，在如今的台灯造型上仍然可以看到它的影子。

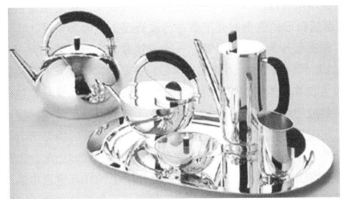

图3-49　布兰德设计的茶壶

图3-50　布兰德设计的烟灰缸

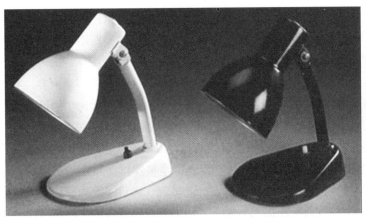

图3-51　布兰德设计的"康登"台灯

图3-52　华根菲尔德设计的MT8镀铬钢管台灯

在包豪斯的家具车间，布劳耶创造了一系列影响极大的钢管椅，开辟了现代家具设计的新篇章。于1920年来到德国，成为包豪斯学校的第一期学生，1924年毕业后任教至1928年，成为当时众多设计大师中最年轻的一位。布劳耶早期的作品具有很强的德国表现主义特征，对于简单的原始主义设计也很感兴趣，同时布劳耶也受到荷兰风格派设计师里特维尔德的影响，家具具有明显的立体主义雕塑特征。当时他设计的椅子大部分是木头的，加上帆布坐垫和靠背，采用标准化构件，具有简单的几何外形。1925年他从他的"阿德勒"牌自行车的车把上得到启示，从而萌发了用钢管制作家具的设想，设计了世界上第一把钢管椅，为了纪念他的老师瓦西里·康定斯基，故而取名为瓦西里椅（图3-53）。瓦西里椅造型轻

图3-53　布劳耶设计的瓦西里椅

巧优美，结构单纯简洁，这种新的家具形式很快风行世界。瓦西里椅曾被称作20世纪椅子的象征，在现代家具设计历史上具有重要意义。

1928年2月，格罗皮乌斯向德绍市市长提出辞呈，并指定迈耶继任校长，至此他在包豪斯已经工作了9年。格罗皮乌斯不再希望自己的宝贵时光浪费在行政管理上，他渴望设计实践。他清楚地意识到，如果他不离开，那么他作为一个设计家，一个建筑家，或者简单作为一个独立的人，都会被这些问题毁灭的。1928年4月1日，迈耶正式接任包豪斯第二任校长。在他的领导下，包豪斯对课程设置进行了较大改革，他把建筑系分成两个部分，一个是建筑与建筑理论部，另外一个是室内设计部，并且组成了广告系。在学校里还设立了新的摄影工作室，提供三年制的摄影专业课程和学位课程，培养广告行业需求的摄影师和新闻行业需要的摄影记者。这些改革对于包豪斯的发展来说，都是十分积极的。1929年，在包豪斯成立十周年之际，迈耶发表了一份题为"包豪斯与社会"的宣言。在宣言中，迈耶将格罗皮乌斯在1919年宣言中的"建筑为一切创造性（艺术）活动的最终目的"改为"包豪斯一切工作的目标是百花齐放，以促进我们社会的和谐发展"。

迈耶是一个极端的功能主义者，将艺术与设计予以明确地划分，同时还主张设计不仅是一门艺术，而且是一种以功能与经济造成的社会现象。在他的指导下，包豪斯不再注重造型性，转而追求技术、经济与社会的设计。迈耶对包豪斯的影响主要体现在两个方面：

（1）政治方面。他从政治角度出发，在包豪斯的理论课程中加上了社会科学内容，并且组织各种政治讨论，学生对于设计的关心逐渐淡漠，比较注重德国的政治问题，学生还参加社会上的左翼运动，这些都引起了德绍官方强烈的不满，这也成为他后来被免职的主要原因。

（2）对包豪斯的教育结构进行了改革。主要改革措施包括以下五点：第一，将初步课程增至4个学期。第二，对于已经进入工作室学习的学生，专业教学被安排在科学和艺术的课程之间。第三，建筑系被分为两个部分：建筑理论和建筑设计。第四，修订了工作室的财务体制并且调整了内部的职能，使得学生的收益有所提高。第五，迈耶开放包豪斯的大门甚至面向了那些明显没有天分的学生。上述措施，从一定程度上促进了学校向贫穷的学生开放，并且部分工作室取得了较好的经济效益。总之，德绍时期的包豪斯在各个方面都达到了顶峰。

同格罗皮乌斯时期相比，迈耶在教学中强调了理性主义的实践，并朝着以建筑为核心的目的继续发展，而没有提出新的口号和宣言，这无疑说明他并没有违背包豪斯创办时的初衷。迈耶与格罗皮乌斯最大的区别在于他并不在乎学校的存亡，为了达到他的社会实验目的，他宁愿包豪斯做出牺牲。他坚信优秀的建筑师应当是影响社会的灵魂工程师。也正是由于他的信仰和鼓励学生投入其中的态度，使德绍当局深感不安。1930年8月初，迈耶收到了来自德绍官方提前解除其合同的通知，在担任了28个月的校长后被迫辞职。之后，他先后去过苏联、瑞士和墨西哥，将现代主义设计思想和社会主义设计教育体系带入了中南美洲。

3．柏林时期（1932—1933）

1930年8月5日，密斯·凡·德·罗从迈耶手中接过包豪斯，担任第三任校长。从政治上讲，密斯是非政治化的代表，对任何政治问题都漠不关心，对于他来说，建筑就是建筑，他关心的仅是建筑本身，至于为谁设计，对于他来说并不重要。在密斯的领导下，不但所有的政治活动被禁止，部分紧随迈耶的学生也被驱除出学院，在密斯任职期间虽然扭转了迈耶时期包豪斯的政治化倾向，但是他也更明确地将包豪斯改造成一个单纯的建筑设计学院。1930年密斯把全院原有的所有系与工作室改编成建筑设计系与室内设计系两大部分，原来的基础课程也从必修课变为选修课，并且削减了大部分艺术课程，导致原来参与创办包豪斯的大部分教员都辞职离开了包豪斯。密斯再次改变了学制，把原有的9个学期压缩成7个学期，他停止了各个工作室手工艺的加工，要求仅按照工业生产的目的开展实践，受此影响，包豪斯昔日活跃的生产场面已不复存在。从总体来看，在密斯领导下的包豪斯建筑教学，发生了一些明显的改变：第一个阶段，与迈耶领导的一样，学生被教授技术的基础如建筑法规、静力学、暖通、材料研究、数学和物理。这些课程甚至也是高年级学生的必修课，由工程师和教师讲授，他们中的部分人来自迈耶时期。建筑师和城镇规划师路德维希·希尔伯塞莫（Ludwig Hilberseimer）在包豪斯授课阶段可以视为第二个阶段。

密斯认为，建筑设计师应具有驾驭一切的设计能力："假若你能设计一栋房子，那你就能够设计任何东西。"密斯和迈耶在建筑教学方面存在差异，这可以从他们对建筑的不同称谓中予以体会，迈耶简单地将其称为"建筑"，而密斯则称之为"建筑艺术"。密斯认为只有建筑设计能够使设计教育得到健康的发展，同时以"建筑"为一个核心，来凝聚其他的专业，这种以建筑为核心的立场，始终贯穿在他的3年校长任期之中。直至包豪斯关闭时，整个学校的教学目标与课程设置都出现了剧烈的变化，格罗皮乌斯的教育理想未能有效地贯彻到底。

柏林时期的包豪斯历时短暂，而且始终处于风雨飘摇的危境之中。柏林时期的包豪斯是从1932年10月开始运转的，但是密斯的努力并没有使包豪斯摆脱结束的命运。1933年1月，希特勒上台，出于对包豪斯由来已久的憎恨和反感，1933年4月12日，纳粹士兵根据命令，关闭了仅存在6个月的柏林包豪斯。密斯奔走无果，7月19日，教师们在工作室召开最后一次会议，所有人都同意在这种政治和经济条件下解散包豪斯。8月10日，密斯发布告学生书，正式通知包豪斯解散。自此，这所历时14年的乌托邦式学院——包豪斯成为历史。在这期间共有1 250名学生和35名全日制教师在包豪斯学习和工作过（图3-54）。

图3-54　包豪斯教员

三、包豪斯的历史地位和影响

包豪斯作为世界上第一所设计教育学院，以杰出的实践活动建立并传播了现代设计思想，探索了现代设计的形式与方法，开创性地建立起现代设计教育体系基础。尽管包豪斯只存在了14年，但是以格罗皮乌斯为首的一批现代艺术设计教育的先驱者在这短暂的14年中开创的事业留下了深远的影响。虽然格罗皮乌斯以他所创建的包豪斯所设计的工业产品数量并不算多，但其中不乏经典之作。尽管在德国的整体设计发展进程中，包豪斯的产品并未起到举足轻重的作用，但包豪斯对现代工业设计的贡献是巨大的。包豪斯的理念深深地影响了工业设计的发展，成为工业设计史上最重要的里程碑。

1．包豪斯的现代设计艺术思想（重视功能、技术、经济因素）

（1）艺术与技术的统一。

（2）设计的目的是功能，而不是产品。

（3）设计必须遵循自然与客观法则。

2．包豪斯对设计教育的影响

（1）包豪斯建立了一整套的设计艺术教学方法和教学体系，奠定了机械设计文化和现代工业设计教育的坚实基础。

（2）包豪斯教育适应了时代发展的需要，强调理论与实践紧密结合，理论课与实践课并重的教学体系和教育方针。包豪斯从事的设计实践真正实现了技术与艺术的统一，形成了真正的理性主义设计原则，填补了现代艺术与技术、手工业与工业间的鸿沟。

（3）包豪斯设计教育造就了德国的设计风格即高度的理性化和严谨的功能化。

3．包豪斯对现代设计的贡献

（1）包豪斯的设计思想为现代设计思想的拓展和完善提供了可遵循的依据和准则，使现代设计思想更趋于系统化、规范化。

（2）工业产品设计使用现代材料进行批量生产，奠定了现代主义工业产品设计的基本面貌。包豪斯所提倡的功能化的设计原则，使现代设计对产品功能的物质载体重新加以探索，有效地利用载体，使载体多功能化，对材料、造型、使用环境等诸要素也进行了更深入的研究。

（3）包豪斯开创了现代设计与工业生产紧密结合的第一章。

4．包豪斯设计教育的局限

（1）过于重视构成主义理论，强调形式的简约，忽视了人对产品的心理需求，形式机械、呆板。

（2）包豪斯抨击旧的艺术形式，排斥各民族的历史，导致了千篇一律的国际主义风格。

（3）产品设计还停留在传统产品设计上，对富含技术的现代汽车、家电等相关设计的产品少有探讨。

（4）未处理好工业和传统工艺直接的关系，对时代技术条件、机械化批量生产的方式和经济概念趋向抽象的美学追求，很少从实际生活需要进行考察。

包豪斯关闭后，教员与学生离开德国，他们移居巴黎、流亡伦敦，遍布美国各大城市，并以各种形式继续着包豪斯所追求的教育理想与目标。纳吉于1937年在芝加哥创立了"新包豪斯",后来成为芝加哥设计学院;格罗皮乌斯于1937年到哈佛大学任建筑系主任,并组建了协和设计事务所;布劳耶也于同期到达美国,与格罗皮乌斯共同进行建筑创作;密斯于1937年移居美国,从1938年至1958年,他在伊利诺伊州立大学和建筑学院担任领导工作达20年之久,通过教学和设计活动影响了几代美国设计师;包豪斯的学生马克斯·比尔(Max Bill)自1955年起在"乌尔姆设计学院"担任校长,"乌尔姆设计学院"的创立被认为是第二次世界大战后艺术设计教育最为重要的发展之一,也是包豪斯教育理念延续过程中最引人注目的案例。他们将包豪斯的设计理念、设计风格及设计教育体系传播到世界各地,推动了现代设计运动的发展。

第四章 工业设计的发展时期

第一次世界大战之后,现代主义形成和发展的各种条件都已成熟,工业和科学技术已经发展到一定水平,大众市场也已发育健全,同时艺术上的变革改变了人们的审美情趣,工业设计有了系统的理论,并在世界范围内得到了传播。

第一节 艺术装饰风格与流线型风格

风格是指某一时期流行的一种艺术形式,是艺术作品在整体上呈现出的具有代表性的独特面貌。

一、艺术装饰风格

艺术装饰风格一词源于1925年的巴黎国际现代装饰与工业艺术博览会上。它是20世纪20—30年代以法国、美国、英国等为代表的一个国际性的流行设计风格。它影响到建筑设计、室内设计、家具设计、工业产品设计、平面设计、纺织品设计、服装设计等各个方面。艺术装饰风格不是一种单一的设计风格,而是多方面设计风格的统称,如在法国,艺术装饰风格被称为现代主义,在美国又被称为爵士现代主义。

艺术装饰风格以其富丽的和新奇的现代感而著称,主要集中于豪华的和奢侈的产品与艺术品的设计上。其实质是把简练与装饰融为一体,趋于简单的几何形式又不强调对称;趋于直线又不囿于直线;趋于手工艺又不回避机械化、新材料、新技术的运用。因此艺术装饰风格采取设计上的折中主义立场,设法把豪华的、奢侈的手工艺制作和代表未来的工业化特征合二为一。艺术装饰风格秉承了以法国为中心的欧美国家长期以来的设计传统立场:为富裕的上层阶级服务,是为权贵的设计,利用人们羡慕财富和奢华的欲望,使之成为社会大众认同的审美取向,以此来带动大众的消费趋势。

艺术装饰风格并不局限于某一设计艺术领域，而是与新艺术运动一样，波及范围非常广泛，从20世纪20年代的"爵士"图案到30年代在美国广泛流行的流线型设计样式，从简单的英国化妆品包装到美国纽约洛克菲勒中心大厦的建筑装饰，都属于艺术装饰风格的范畴。在法国主要表现在家具设计、玻璃装饰和产品装饰上，而在这种风格传到美国后则主要应用于建筑装饰、产品造型设计、汽车设计、平面设计等领域，各国的艺术装饰风格都有一定的共同性，但各国的艺术装饰风格又各有千秋。

1. 法国的艺术装饰风格

法国的巴黎是艺术装饰风格的发源地，后来成为运动的中心。在1925年，巴黎举办了国际现代装饰与工业艺术博览会，这是一个令人眼花缭乱的豪华展览，其展示的作品体现了当时法国人对于装饰的态度，也体现了当时法国的富足。艺术装饰风格在法国被称为"现代艺术"，是为少数群体服务的设计。第一次世界大战后，新兴的富裕阶层试图通过其物质生活的享受来体现其社会地位，因此法国的艺术装饰风格主要集中体现在家具、首饰、陶瓷、玻璃、器皿、平面设计、商业海报、书籍插图等方面（图4-1）。

在家具设计方面产生了两种不同的风格：一种是比较注重东方情调的、怪异的形式（图4-2），同时又受到俄国芭蕾舞团的舞台和服装设计的影响，喜欢用象牙镶嵌，家具造型简洁，表面装饰华丽（图4-3）。当时鲁赫尔曼的家具设计风格主宰了法国艺术装饰风格盛行的时代（图4-4）。另一种是受现代主义影响，注重现代主义的表现手法，利用新材料、漆器工艺进行设计，如格雷的家居设计是装饰艺术与现代主义表现手法相结合的典范（图4-5）。柯布西耶的设计，如新精神馆的设计也给此风格带来明显的影响。

图4-1　书籍封皮　　　　　　　　　　　　　图4-2　艺术装饰风格的床

图4-3　真皮象牙镶边的沙发　　　　　　　　图4-4　梳妆台和红木镜台及书桌

图4-5　房屋模型

首饰与时装配件设计是法国艺术装饰的重要成就。首饰设计的形式一般都是简单的几何造型，如正方形、圆形、长方形、三角形等。常采用代表机器美学的几何造型进行相互并置或重叠，作为首饰设计的基本形态（图4-6）。首饰的重要素材源于埃及等古老文化的物品或图腾及古代文明的建筑抽象图案等，富于异国情调（图4-7）。同时首饰设计的材料常采用新材料、贵金属、象牙、硬木、生漆和各种形状的宝石，色彩艳丽（图4-8）。

在陶瓷设计方面主要以人物与强烈的几何图案为特点，其风格受到中东和欧洲古典文明的陶器设计影响，特别是中国的釉彩风格。

在玻璃器皿方面采用东方艺术、古典风格以及现代艺术的某些因素，追求复杂和丰富的玻璃表现手法与效果，常用动物图案进行装饰，极具装饰性（图4-9和图4-10）。

在绘画、平面海报设计中，采用棱角分明的色彩块面，华丽多彩，描述的对象以大都市生活为主（图4-11）。

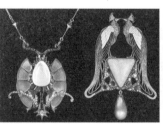

图4-6　几何造型的戒指、手镯　　图4-7　埃及风格首饰　　图4-8　蝴蝶胸针　　图4-9　釉彩玻璃花瓶

图4-10　玻璃花瓶　　图4-11　巴黎国际博览会招贴画

2. 美国的艺术装饰风格

美国的艺术装饰风格受到好莱坞电影、爵士音乐、音乐剧、歌舞等大众文化的影响，以及汽车工业发展的影响，形成了具有美国特色的艺术装饰风格。美国的艺术装饰风格开始于纽约和东海岸，逐步向西扩散，并衍生出了好莱坞风格。美国的艺术装饰风格比较集中在建筑设计和与建筑相关的室内设计、家具设计（图4-12）、家居用品设计上，如雕塑、壁画等，也都基本依附于建筑之上。艺术装饰风格正对美国新兴的富裕中产阶级的胃口，因此，从最早的电话公司大厦到华贵的斯图华特公司大厦，再到影响深远的克莱斯勒大厦、帝国大厦和洛克菲勒中心（图4-13），艺术装饰风格在美国的建筑上广泛流行。纽约是艺术装饰风格的主要试验场所，其气势恢宏、混合着大众艺术和通俗文化的摩天大楼层出不穷，豪华而现代的室内设计具有大量起棱角的装饰、丰富的线条装饰与逐层退缩结构的轮廓（图4-14和图4-15）。又如可口可乐公司大厦，大量采用金属作为表面装饰，追求时代感、速度感、运动感，完全摒弃古典式样。无论是公共建筑还是私人住宅，都可以看到艺术装饰风格的影响，其常见寓意式的装饰和花纹状的浮雕，如盒状的公寓、充满异国色彩的电影院、金字塔状的教堂等。

美国赋予艺术装饰风格的最重要因素是民主化的特征。虽然大量的设计还是为上层阶级服务的，但电影院、百货公司等新的设计手段和设计目的已经开始转向大众化的立场，如好莱坞电影院的设计，立面采用了富于幻想的装饰图案。

图4-12　家具设计

图4-13　洛克菲勒中心　　　图4-14　纳什维尔市政厅　　图4-15　窗棂设计

3. 英国的艺术装饰风格

英国在20世纪20年代基本还维持传统风格，沉溺于对17世纪传统风格的借鉴，几乎不受新艺术和艺术装饰风格的影响。因此在1925年的法国艺术装饰博览会上英国的设计遭到了法国设计界的批评。到了20世纪20年代末30年代初，在工业化风格和艺术装饰风格的影响之下，英国设计才开始变革。新材料的使用以及大众化是英国艺术装饰风格的显著特征，特别是在包装、平面和室内设计方面。这时期英国流行华贵的装饰用品，镜子和玻璃被大量地应用于室内设计中，装饰图案采用放射形、扇形、圆形等图案。

英国的艺术装饰风格主要体现在实用品和装饰艺术品的设计领域中。其中主要的设计师有克拉里斯·克里夫、苏丝·库柏、夏洛特·里德以及身为建筑师、产品设计师的基茨·穆雷。前三位女设计师的作品主要集中于陶瓷制品，在陶瓷物品的外形纹样设计上明显地体现了她们的装饰主义思想。克里夫出生于20世纪初期，16岁开始了学徒生活，1927年到法国旅行之后她开始了自己的设计生涯。她的陶瓷作品往往采用强烈的对比色，图案比较抽象，有时采用装饰化的人物图案。克里夫最为著名的作品分别是设计名为"异常"的一系列作品（图4-16）和另一件名为"番红花"的作品。这期间她设计的很多令人惊艳的陶瓷中的装饰纹样伴随着英国艺术装饰风格一直流传至今，无论是抽象的几何元素还是搭配强烈的暗黄、蓝、绿等颜色还是取材于自然的花草，都体现出艺术装饰风格的特征。苏丝·库柏生于1902年，在经过一段时间的学习之后，进入著名的瓷器生产公司AGray公司进行设计。她早期的作品更多的是购买原始的白色瓷胎，而自己在胎体上进行手绘装饰设计。她的陶瓷设计具有一种独特的现代主义风格，善于运用鲜艳、悦目的色彩并使用花卉、几何图案作为装饰。苏丝·库柏最重要的贡献是将陶瓷设计运用于机械化大生产中。她在1929年建立了自己的工厂，虽然经济不景气，但是苏丝·库柏的餐具和装饰品的设计仍然拥有很好的市场，此后她又为伍德陶瓷公司进行设计。1931年，苏丝·库柏开始独立设计陶瓷外形和装饰纹样，并委托公司进行生产。在她的设计中经常采用风格化的花朵、螺旋式的装饰图案和简化的装饰带（图4-17），而成功的作品有"茶隼"和"麻鹬"。1940年，苏丝·库柏的影响得到认可，并获得了皇家设计师的称号。夏洛特·里德从事餐具设计，她设计的风格也体现了装饰艺术的动机，其造型简单明快，釉色淡雅，几何图形与人物图案紧密搭配，对当时的英国产生了很大的影响。

图4-16 "异常"的一系列作品

图4-17 苏丝·库柏设计的茶具

基茨·穆雷出生于新西兰，他在英国从事陶瓷、玻璃器皿和金属制品设计。他具有现代感的设计风格受到了人们一致的认可，并且在英国开创了新的设计职业——企业设计顾问。基茨·穆雷与许多企业保持良好的合作关系，如韦奇伍德瓷器公司、史蒂文斯公司与威廉斯公司等。他的设计风格简洁、精致、细腻，他个性化的风格一方面是由于早期建筑师的经历成就的对体量感的把握，另一方面则得益于对材料和新古典主义的理解与尊重。

除了日常实用产品，英国的艺术装饰风格在建筑以及室内设计领域也取得了一些成就，不论是私人住宅还是公共建筑与空间的设计同样出现了采用简单强烈的色彩和金属色作为装饰风格，同时英国的电影院设计风格也受到美国好莱坞风格的影响。但是英国和美国的建筑不同的是英国没有采用摩天大楼的形式。

艺术装饰风格虽然在法国、英国和美国发展，却成为世界流行风格，甚至到远在东方的上海都可以找到艺术装饰风格的建筑和室内设计。艺术装饰风格主要有以下特征：第一，形态常常采用放射状的太阳光与喷泉形式，代表新时代的黎明曙光；第二，运用了象征20世纪的退缩结构的轮廓线条；第三，采用了几何图形，象征机械与科技解决了人们的问题；第四，平面设计的内容展现了新女人的形体，暗示女人的自由权利得到尊重；第五，打破常规，取材于爵士、短裙与短发、震撼的舞蹈等；第六，借鉴古老文化形式；第七，色彩艳丽、明亮。在形式上，艺术装饰风格受到了以下因素的影响：第一，埃及等原始艺术装饰风格的实用性借鉴；第二，简单的几何外形；第三，舞台艺术的影响；第四，汽车的影响；第五，自己独特的色彩系列。

二、流线型风格

流线型风格与艺术装饰风格不同，它的起源是空气动力学，而不是艺术运动。流线型是物体的一种外部形状，前圆后尖，通常表面光滑而有规则，没有大的起伏和尖锐的棱角，略像水滴的形状，具有这种形状的物体在高速运动时所受到的阻力最小。把流线型作为一种造型观念，将表面圆滑、线条流畅的特征与工业产品相结合，使它成为一种象征速度感和时代精神的造型语言。这种风格作为20世纪工业化时代"速度""精密""效率"的象征，在当时的美国极度流行，甚至被视为美国1930—1940年工业设计的同位语。尤其在汽车行业上，流线型不仅减少汽车行驶时的空气阻力，而且发展成了一种时尚的汽车造型美学，并且这种造型理念一直沿用至今。

流线型风格在实质上是一种外在的"样式设计"。它反映了两次世界大战之间美国人对设计的态度，即把产品的外观造型作为促进销售的重要手段。20世纪30年代，美国经济萧条，为了促进商品的生产和销售，美国人把设计产品的外观造型作为竞争的主要手段，因而作为迎合大众趣味消费口味的流线型风格就应运而生了。在艺术上，流线型风格与未来主义和象征主义一脉相承，它用象征性的表现手法歌颂了"速度"等体现工业时代精神的概念。正是在这个意义上，流线型风格是一种不折不扣的现代风格。它的流行也有技术和材料上的原因，塑料和金属模压成型方法技术相应成熟，风洞试验被运用于汽车的设计上并证实了流线型能减少阻力。因此，流线型风格在汽车的样式设计中得到了广泛应用。

1. 流线型在汽车设计领域的应用

流线型特征是头圆，尾尖，呈现"水滴"型，被公认为是阻力最小的形态，并在高速行驶时降低油耗。美国的设计师贝尔·盖迪是将流线型设计风格普及化的主要人物。他在前人的基础上做了大量的空气动力因素的试验，如汽车底盘阻力和车体避风等，从而设计出了水滴型汽车。水滴型汽车作为交通工具，充分反映出了设计中的功能主义。设计师希望可以把飞机的高速性能在汽车上得以展现，贝尔后来将其设计投入生产。贝尔的这一做法在当时的汽车设计中成为一种潮流，也推动了汽车"发动机后置"设计的尝试。在众多这类设计中，美国建筑师和设计师富勒设计的"戴马克松"小汽车最具代表性（图4-18）。其严格的流线型设计，使它的节油率可达50%。在当时的科技条件下，富勒的这款汽车无论在形态上还是结构上都是汽车设计中追求功能主义的巅峰之作。但是，这款汽车的形态、结构有些离谱，令普通大众无法接受，不适应批量生产，并且这种发动机后置型汽车看起来像是汽车在倒着开。因此设计师们注意到完全追求流线型是行不通的，在设计中需要谨慎地使用它。例如，通用汽车公司意识到人们对车型的关注，每年都推出新的车型以增强竞争力。1927年，厄尔负责为卡迪拉克系列设计的"拉塞勒"轿车（图4-19）就有所保留地使用了流线型，这样生产出来的轿车既具有可接受性，又能利用流线型的速度性能。1934年美国的克莱斯勒公司生产了"气流"型小汽车（图4-20），是由主任工程师布里尔从1927年开始按照空气动力学原理设计的，造型在当时非常新潮和前卫，虽然该汽车的设计研发花费了7年的时间，做了大量的广告宣传，市场效果却并不理想，但这种造型影响了整个汽车的流线型风格。设计师花费了大量精力以求车身的统一，发动机罩的双曲线通过后倾的挡风玻璃与机身光滑地联系起来，挡泥板和脚踏板的流畅线条加强了整体感。福特汽车公司也放弃了生产多年的"T型"车，采用流线型设计风格。在20世纪30年代，林肯率先将空气动力学原理应用在设计中，1938年，设计了全新流线型动感林肯汽车，成为"有史以来外形最漂亮的汽车"并轰动车坛（图4-21）。

图4-18 "戴马克松"小汽车

图4-19 "拉塞勒"轿车

图4-20 "气流"型小汽车

图4-21 流线型动感林肯汽车

追求商业性设计的美国人并不甘心完全屈从空气动力学原理来设计汽车，因为这使汽车看起来都太相似，不利于销售、刺激消费，以至于"流线型"汽车在美国有些被冷落。这时候"流线型"汽车的样式也在欧洲得到广泛的发展。1934年奥地利人设计的塔特拉V8-81型汽车，就采用了流线型风格，并在后面加上了一个尾鳍，该车被认为是20世纪30年代最杰出的汽车之一。1936年，德国的设计师波尔舍设计的大众牌汽车（图4-22），外形看起来像是甲壳虫。波尔舍最大限度地发挥了甲壳虫外形的长处，使其成为同类车中之王，"甲壳虫"也成为该车的代名词。

2. 流线型在其他产品设计中的应用

在工业设计中，流线型却成了一种象征速度和时代精神的造型语言被广泛流传，不但在汽车领域，还渗入高速列

图4-22　波尔舍设计的甲壳虫汽车

车、飞机以及生活用品的设计中，甚至渗入建筑设计和室内设计中（图4-23），并成为20世纪30—40年代最流行的产品风格。勒尔在1936年设计的订书机，号称"世界上最美的订书机"。对于订书机这样的静态产品而言，流线型与功能无关，但表示速度的流线型被用到了静止的物体上，使得静止的产品具有了动态的美感，更体现了它作为一种科技产品划时代的文化意义（图4-24）。在这个意义上，流线型风格变得极为时髦，也成为一种时尚化的情感符号。

图4-23　洛杉矶可口可乐公司大楼　　　　　　　　图4-24　流线型冰箱

流线型的优异性能也被应用在飞机上。两次世界大战之间，国家竞争激烈，政府重视军事领域的设计，新成果在竞赛中也进一步展示了力量。在飞机制造上，金属科技、结构技术和制造工艺的提高对飞机造型的设计产生了革命性的影响，流线型空气动力学结构取代了以前笨重的盒式框架机身和沉重的需要支撑的机翼。英国设计师米歇尔通过引用流线型设计而成了飞机制造史上的重要人物。他所设计的水上飞机的机身沿着水平线呈弧状起伏，具有强有力的线型

视觉特点。在1931年的飞机竞赛中，米歇尔凭着他设计飞机的优异表现最终为英国赢得冠军。在此基础上，米歇尔于1936年设计出赫赫有名的"喷火战斗机"（图4-25），由此而成了在第二次世界大战期间英国战斗机发展的核心人物。同时流线型还被应用到了列车的形态设计中（图4-26），为克服列车运行时的空气阻力，减小空气压力波（如列车交会、过隧道时）对列车本身、周围环境和人身安全所产生的不利影响，高速列车头、尾部都采用了流线型外形，使之具有良好的空气动力性能。流线型外形为自由曲面，一般用薄板加工成蒙皮，固接在多根曲梁组成的支撑结构上，该支撑结构的每根曲梁均有一条与蒙皮内表面密贴的棱边，具有这种特点的结构，也被称为"流线型结构"。

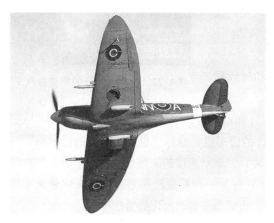

图4-25 "喷火战斗机"

图4-26 流线型车头

纵观20世纪设计史，人们不难发现，实际上艺术风格在现代设计中几乎起着灵魂的作用。从建筑与城市设计到艺术装饰，再到工业产品设计，几乎都成为20世纪的各种现代艺术风格的实验场所。包豪斯"钢管椅"一类的风格，并没有影响到普通百姓的生活，恰恰是那种更具有表现力和吸引力的"现代"流行风格引导着人们的生活。

第二节 美国工业设计的兴起

20世纪20年代，美国工业产量已超过英国、德国等国家，为了促进商品的市场销售，产品、商标、广告、企业形象等设计被广泛采用，工业和科技的强大实力为美国工业设计的发展奠定了坚实的基础。第二次世界大战期间，欧洲许多著名的艺术家、设计师流入了美国，也为美国工业设计的发展注入了新的活力，同时欧洲的设计理念和美国的市场相结合后，形成了国际主义设计运动。

第二次世界大战后，美国的经济由于战争的刺激而迅速发展，科学技术水平也飞速提高。与因战争而满目疮痍的西方各国相比，美国在战争中变得更加强大，经济实力急剧膨胀，成为当时最发达的经济强国。现代主义设计大师格罗皮乌斯、密斯等人在战后来到了美国，担任哈佛大学建筑系教授、主任，把包豪斯的教育观点、教学方法和现代主义建筑学派理论传播到了美国，促进了美国现代建筑的发展，成为美国建筑界的魁首，并统领着美国的设计教育。1945

年，格罗皮乌斯同他人合作创办了协和建筑师事务所，该事务所发展成为美国最大的以建筑师为主的设计事务所之一。第二次世界大战后，他的建筑理论和实践为各国建筑学界所推崇，使之发展成为美国乃至世界的设计主流。世界工业设计中心也从战前的欧洲转移到了美国。

一、芝加哥学派

芝加哥学派是美国最早的建筑流派，是现代建筑在美国的奠基者。芝加哥学派强调功能在建筑设计中的主要地位，明确了功能和形式的主从关系，力求摆脱折中主义的羁绊，探讨新技术在高层建筑中的应用，强调建筑艺术要反映新技术的特点，主张简洁的立面以符合时代工业化的精神。

1851年，美国参加了英国的"水晶宫博览会"，该博览会展出了各种工业产品，这使欧洲人首次接触到了美国产品，不少观众赞扬美国带来了简洁明了的造型，既无浮夸装饰又实用，其前途必然发展成为独特的艺术风格，这对欧洲是难得的启示。芝加哥学派正是这种独特的艺术风格在建筑领域的体现，并对整个设计领域产生了重大的影响。1871年芝加哥发生了大火，30个小时的大火几乎摧毁了当时美国发展最快的城市，城市2/3的房屋被烧毁。美国历史学家认为，芝加哥发生的这场大劫难绝非偶然，因为芝加哥城市本身已经埋下了严重的火灾隐患。芝加哥大多数的房屋都是用木材建造，并且当地人用干柴煮饭，每年临近隆冬季节，人们都会收集柴草准备过冬。当时天气异常干燥，酿造一场大火已具备了足够的条件。在美国南北战争之后，芝加哥就变成了全国铁路中心，因此其城市重建工作很快吸引了来自全国各地的建筑师，为了在有限的市中心区内建造更多房屋，现代高层建筑开始在芝加哥出现。在采用钢铁等新材料以及高层框架等新技术建造摩天大楼的过程中，芝加哥的建筑师们逐渐形成了趋向简洁独创的风格，芝加哥学派由此而生。芝加哥学派的鼎盛时期是在1883—1893年之间，它在建筑造型方面的重要贡献是创造了"芝加哥窗户"，即整间开大玻璃，中间采用固定的大玻璃窗和两侧较小但可以上下拉动的滑窗，以形成立面简洁的独特风格。在工程技术上的重要贡献是创造了高层金属框架结构，在功能上满足采光、通风的要求，并由此避免向外开的窗可能受到高空阵风的影响（图4-27）。芝加哥学派主张建筑功能第一，形式追随功能，其代表人物有工程师詹尼、建筑师沙利文和赖特。詹尼是芝加哥学派的创始人，素有"摩天大楼之父"之称，詹尼生于1832年美国的马萨诸塞州，其主要代表作品是家庭保险公司十层办公楼和第一拉埃特大厦。其中1885年建成的芝加哥的家庭保险公司十层办公楼，就是典型的芝加哥学派建筑（图4-28）。沙利文是芝加哥学派的一个得力支柱，他是芝加哥学派的中坚人物和理论家。他最先提出"形式追随功能"的口号，成为现代设计运动最有影响力的信条之一。1886年，沙利文设计了芝加哥礼堂大楼兼具办公大楼，同时也是一家剧院，外壳相当巨大，其内部尤其是剧院的舞台，则是美国最具原创性的规划和装饰作品之一（图4-29）。1899年，沙利文主持设计的芝加哥C·P·S百货公司大厦描述了高层、铁框架、横向大窗、简单立面等建筑特点，立面采用三段式：底层和二层为功能相似的一层，上面各层办公室为一层，顶部为设备层。以芝加哥窗为主的网络式立面反映了结构功能的特点，芝加哥C·P·S百货公司大厦是芝加哥建筑学派中有力的代表作（图4-30）。

图4-27 "芝加哥窗户"

图4-28 家庭保险公司办公楼

图4-29 芝加哥礼堂大楼

图4-30 芝加哥C·P·S百货公司大厦

沙利文的设计思想深深影响了另一位建筑师弗兰克·劳埃德·赖特。赖特从19世纪80年代就开始在芝加哥从事建筑活动，曾在沙利文等人的事务所中学习和工作，后来成为美国最著名的建筑大师。他吸收和发展了沙利文"形式追随功能"的设计思想，力图形成一个建筑学上的有机整体概念，即将建筑的功能、结构、适当的装饰以及建筑的环境融为一体，形成一种适于现代的艺术表现，并十分强调建筑艺术的整体性，使建筑的每一个细小部分都与整体相协调。他早期的设计，包括家具、灯具和装修就与他所设计的住宅配合得十分得体，相得益彰。这些设计与他设计的建筑一样，是以一系列简单的部件构成的，构图十分简练。赖特的主要作品有流水别墅、古根海姆博物馆、东京帝国饭店等。从流水别墅的外观可以看出，那些水平伸展的地坪、吊桥、便道、车道、阳台及棚架，沿着各自的伸展轴向越过山谷向周围凸伸，这些水平的推力以一种奇异的空间秩序紧紧地接合在一起，巨大的露台扭转回旋，恰似瀑布水流曲折迂回地自每一块平展的岩石上突然下落一般，整个建筑看起来如同大自然的天然形成，如同是盘旋在大地之上（图4-31）。古根海姆博物馆的建筑物的外部向上、向外螺旋上升，内部同时延伸的曲线和斜坡则通到6层。螺旋的中部形成一个敞开的空间，通过玻璃圆屋顶进行采光（图4-32和图4-33）。但赖特关于艺术家作用的浪漫观点并没有考虑到应用机械化工业的现实情况，他的作品多出自私人委托，并没有机会以工业生产方式来实现他的理想。他的理想中有矛盾之处，他强调简洁的几何形态只是对于机器生产的欣赏，而没有考虑到现代机械技术更广泛的潜力，他对建筑工业机械化不感兴趣。赖特机械地把他的美学原则应用到他后来的设计之中，结果产生了一些极不舒适的几何家具（图4-34）。

图4-31 流水别墅

图4-32 赖特设计的古根海姆博物馆（一）

图4-33 赖特设计的古根海姆博物馆（二）

图4-34 赖特设计的座椅

二、美国工业设计师的出现及发展

美国工业设计的一个重要发展刺激因素是第一次世界大战。战争对于军需用品和武器的需求大幅增加，因而刺激了美国的工业设计的发展。1918年第一次世界大战结束，美国的工业转向了消费品的生产，美国的工业开始进入了批量生产阶段，在生产中大量采用了标准化、合理化的生产方式。从19世纪中叶开始，美国的市场体系就以其相对的均匀性、稳定性而著称，并在批量生产方面的发展也处于世界领先地位。当时商品生产的原则是大批量，而不是以满足个性化需求为基础。这就意味着必须发展一种高效率的市场营销体系，以保证所有产品都能卖出而不至于过剩。高投资、大批量生产和大众消费这"三位一体"形成了一种特殊的模式，并成为20世纪初美国消费类产品生产厂家的共同准则。但是到了20世纪20年代，市场的时尚意识逐渐兴起，即使竭力主张"实用型汽车"的福特也开始关注微妙的车型变化，以满足市场更加多样化的需求。不过，福特的车型变化是很小的，直到20世纪20年代末，福特才意识到其他公司在汽车外形设计上的竞争，才下决心抛弃生产了近20年的"T型"车而转产全新的"A型"车。1929年的华尔街股票市场大崩溃和紧接而来的经济大萧条使美国的经济出现了衰退，越来越多的小企业由于市场竞争的失败而破产。罗斯福总统上台后，大规模采用了"新政"的经济改革政策，通过国家复兴法案冻结了物价，使厂家无法在价格上竞争，只能在外观上下功夫以争取消费者。企业为了生存，采用的竞争手段更加激烈，同时由于市场需求日益增加，出现了一些设计事务所，根据客户的要求从事工业产品、包装、企业标志、企业形象等方面的设计，这些设计事务所往往与大企业有长期的合作关系，形成了活跃的设计市场，也出现了美国的第一代工业设计师。

美国最早的工业设计师是在危机的竞争当中产生的，他们的设计对象相当广泛。通过他们的努力，工业设计最终成为市场促销、市场竞争的一个重要组成部分，从而被美国市场、企业界接受，工业设计也因此在美国生根。可以说，真正把工业设计扎扎实实地扎入工业企业界的，正是美国的第一代工业设计师。"工业设计"一词在美国最早出现于1919年，当时一个名叫西奈尔的设计师开设了自己的事务所，在自己的信封上印上了这个词。而工业设计真正作为一门独立的学科和作为一种专门的职业是形成于第二次世界大战之后。

厄尔是美国早期职业设计师中的一个代表。他是美国通用汽车公司的设计师，是世界上第一个专职汽车设计师（图4-35）。在20世纪20年代末，汽车企业为了竞争需要，把汽车外形设计看作促进汽车销售的必要手段，纷纷设立汽车设计部门，雇用了专业的造型设计师，形成了最早的企业内部工业设计部门。最早成立外形设计部门的汽车公司是美国的通用汽车公司（GM）。通用汽车公司为了与垄断汽车市场10多年之久的福特汽车公司的福特"T型"汽车进行竞争，在1926年聘请厄尔作为通用汽车公司造型设计师。1928年1月1日，通用汽车公司成立了"艺术与色彩部"，厄尔担任主任，负责汽车外形设计。他的设计风格奔放、富于创新，开创了第二次世界大战后汽车设计中的高尾鳍风格，车身的样式设计采用了飞机、火箭的造型，以表示速度感（图4-36和图4-37）。厄尔和通用汽车公司的总裁一起创造了汽车设计的新模式"有计划的商品废止制"，主张在设计新的汽车样式的时候，必须有计划地考虑以后几年不断更换部分设计，使汽车的样式至少每两年一小变、三四

图4-35　厄尔及他设计的汽车

年一大变，造成有计划的样式变化，促使消费者为追求新样式而放弃旧样式的积极市场，使企业获得巨大的利益。虽然厄尔这种设计体系不被设计界推崇并遭到环境保护主义者的抨击，但是从20世纪30年代开始在美国的工业界生根，同时也影响到世界各国。

图4-36　厄尔设计的汽车（一）

图4-37　厄尔设计的汽车（二）

20世纪40—50年代，欧洲的现代主义理念在美国的市场经济中得到务实和实现，它深入工业生产的各个领域，改变着美国工业产品的面貌，在商业化"样式主义"设计的冲击下，也改变了自身那种刻板、冷漠的几何化模式。

1940年，纽约现代艺术博物馆工业设计部主任、著名设计师艾利奥特·诺伊斯提出了"优良设计"的口号。所谓"优良设计"，就是无时无刻不表现出设计者的审美能力和良好的理性，设计中没有任何添枝加叶式的装饰，产品应该表里一致。优良设计的原则是：第一，符合良好工作性能要求；第二，符合美学原理要求；第三，符合最小成本要求。在整个20世纪50年代以优良设计为特点的风格，适用于战后住宅较小的生活空间。这一时期，纽约现代艺术博物馆与厂商合作，举办了几次设计竞赛，其目的在于推动功能主义在美国的发展，促进低成本家具、灯具、染织品、娱乐设施及其他用品的设计。在设计竞赛等活动的促进下，美国的设计者以"优良设计"为特点，体现了包豪斯提出的功能第一、形式第二的设计理念，但比包豪斯的产品更亲切、更活泼，它不再是冷漠的几何形体，而呈现出多曲面的有机形态。但是这种"有机设计"又不同于20世纪30年代的"流线型风格"，它是以人体工学和功能主义原则为目的的。

这一时期很多企业也在推广"优良设计"理念，其中最具有代表性的是米勒公司和诺尔公司，它们都是从事室内设计与家具生产的公司。米勒公司是由20世纪40年代末的一家生产传统家具的小公司逐步发展为雄踞美国西海岸的现代家具设计与生产中心。美国著名的家具与室内设计大师伊姆斯与米勒公司合作，设计了大量优秀作品。其中最有名气的作品是在1957年设计的躺椅和配套的垫脚凳（图4-38），这件作品曾在1960年的"米兰国际设计三年展"上荣获金奖，米勒公司至今仍在生产。

图4-38　伊姆斯设计的躺椅

诺尔公司是与米勒公司齐名的美国现代家具设计与生产中心。它的创始人汉斯·诺尔出生于德国，父亲是新式家具制作商，也是包豪斯设计大师们的故交，曾为包豪斯制作他们设计的家具。汉斯·诺尔在英国与瑞士接受教育，毕业后从事设计工作，后来定居美国，在纽约开设了汉斯家具公司。汉斯·诺尔把大规模机器生产作为设计原则，带领自己的设计团队全力从事现代工业设计。诺尔公司很快成为美国现代工业设计的中心之一，吸引了许多杰出的设计师。诺尔公司的发展与德国建筑设计大师密斯有密切关联，密斯的家具设计强调共性与合理性，使用方便、舒适，又利于批量生产。1948年诺尔公司获得了生产密斯设计的"巴塞罗那椅"的专利权，开始生产巴塞罗那椅。后来，还生产了密斯设计的"布尔诺椅"和其他家具。

埃罗·沙里宁也是美国推行"优良设计"的设计师之一。他出生于芬兰，后来随父亲移居美国，在耶鲁大学学习建筑并获奖学金赴欧洲考察学习两年，毕业后任教于克兰布鲁科学院，他要求建筑与其他工业设计都能通过其外形来表达一种精神追求。由于受到他父亲的影响，沙里宁形成了欧洲式的特别是斯堪的纳维亚式的设计观念，他重视手工艺传统、观念形成和功能问题的解决。这些观点都直接反映到了其建筑和家具设计中。沙里宁的家具设计体现出有机的自由形态与功能的完美结合，如他所设计的"胎式椅"（图4-39）、"郁金香椅"（图4-40），它们在20世纪50—60年代曾轰动一时，广为流传。沙里宁的设计风格突破了国际主义风格的束缚，避免了刻板、冰冷的几何形态，开创了"有机现代主义"的设计新途径。

图4-39　"胎式椅"

图4-40　"郁金香椅"

20世纪40—50年代，美国经济繁荣，出现了消费热潮，功能优良的设计不再能满足市场需求，为了更大程度地刺激消费，出现了商业性设计且深受美国社会的欢迎。商业性设计就是把设计完全看作一种纯商业竞争的武器，设计不需考虑产品的功能因素和内部结构，只追求视觉上的新奇与刺激。美国的商业性设计强调"设计形式第一、功能第二"，其核心理念是"计划废止制"，即通过人为的方式使产品在较短的时间内失效，从而为新产品的热销创造条件，迫使消费者不断地购买新产品。产品废止的原因有很多，例如新产品以更多、更完善的功能使先前产品被废弃，让先前的产品老化，这就是功能型废止；新产品以奇特的流行款式赢得消费者喜爱而使先前产品被废弃，这就是合意型废止；设计时预定产品质量寿命期限，使其在一段时间后不能再使用，产品会因过期而废止，这就是质量型废止。设计师们为了促进产品销售以增加经济效益，不断花样翻新的创造流行时尚来博得消费者的青睐，其推出的"计划废止制"也不断丰富与发展，一方面它作为促销手段而成为促进经济发展的动力，另一方面它促使消费者以追逐时尚潮流的新观念取代勤俭节约的习惯，这种造成社会资源浪费的弊端遭到了环境保护主义者的抨击。

美国汽车工业的发展为商业性设计思想的实现提供了载体，商业性设计风格主要表现在汽车的样式设计之中。自从福特汽车公司在1908年生产出的"T型"车开始，汽车大量生产，人们进入了汽车时代，世界汽车工业革命就此开始。此后福特汽车公司通过一系列的措施降低了汽车的成本，汽车大量涌入了市场，使普通百姓拥有一辆汽车的梦想得以实现。20世纪的汽车制造日趋成熟，越来越多的中等阶层拥有了自己的汽车，汽车

图4-41　通用汽车公司的克尔维特

的造型也成为汽车制造过程中的一个重要步骤。通用汽车公司的设计师厄尔创造了汽车设计新模式，他通过设计不断改变汽车的样式，促使消费者为追逐新款汽车而放弃旧样式，从而不断形成新的消费市场（图4-41）。通用汽车公司一马当先，克莱斯勒汽车公司、福特汽车公司等美国汽车企业纷纷效仿，不断推出新奇、夸张的设计，以纯粹视觉化的手法来反映美国人对于权力、流动和速度的向往，创造了巨大的经济效益，也造成了20世纪50—60年代中期美国汽车宽大、华丽、耗油量大的流行趋向。

20世纪50年代末起，由于能源、环境、可持续发展等问题的出现，美国的商业性设计走向了衰落，工业设计更加紧密地与行为学、经济学、生态学、人机工程学、材料科学及心理学等现代学科相结合，逐步形成了一门以科学为基础的独立完整的学科，并开始由产品设计扩展到企业的视觉识别设计。这时工业设计师不再把追求新奇作为唯一的目标，而是更加重视设计中的宜人性、经济性、功能性等因素。一些大型企业纷纷建立自己的品牌形象，企业形象设计在美国特殊的背景条件下迅速成长为一个崭新的设计领域，许多著名的设计师都参与了企业形象设计工作。美国著名平面设计师保罗·兰德为国际商业机器公司（IBM）（图4-42）、西屋电气产品公司（图4-43）、美国广播公司（图4-44）等进行企业形象设计。他设计的IBM公司标志从20世纪50年代开始应用于IBM产品广告、包装等各个方面，对于树立公司企业形象起到了很大的作用。

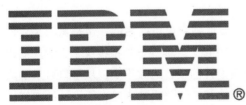  

图4-42　IBM公司标志　　　　图4-43　西屋电气产品公司标志　　图4-44　美国广播公司标志

20世纪60年代以来，美国工业设计师积极参与政府和国家的设计工作，同时向尖端科学领域发展，工业设计的地位达到了前所未有的高度。如美国工业设计先驱提格率领其设计班子与

工程技术人员密切配合，为美国波音飞机公司设计波音707型内舱和747型内舱。他大量采用人体工程学的方法，甚至自己制作人体测量图表，达到了十分理想的效果。20世纪60年代雷蒙德·罗维出任美国国家宇航局设计顾问，参与了有关宇宙飞船内部设计、用品的设计及有关宇航员脱离地心引力后的生理、心理状态的研究工作，形成了一套航天工业设计的体系与方法，并取得了巨大的成功。

三、美国工业设计的奠基人

美国早在第二次世界大战以前，已经具有了两种不同的设计机构：第一种是在企业内的设计部门，如通用汽车公司的设计部；第二种是独立的、自由的设计咨询公司，如沃尔特·提格、雷蒙德·罗维、亨利·德雷夫斯、诺尔曼·贝·盖茨等人的设计公司。

1. 沃尔特·提格

沃尔特·提格（Walter Dorwin Teaque）是美国最早的工业设计师之一。他曾经是一个非常成功的平面设计师，有长期的广告设计经验。由于市场竞争机制的形成，他早在20世纪20年代中期就开始尝试产品设计。提格的设计生涯与世界最大的摄影器材公司——柯达公司有非常密切的关系。1927年，柯达公司委托提格设计照相机，第二年，他成功地为柯达公司设计出大众型的新照相机，这种照相机受到当时流行的"艺术装饰"风格的影响，采用金属条带和黑色条带平行相间做机体，具有相当强烈的装饰性，与当时非常流行的埃及图坦卡蒙黄金面具有明显的联系，因此产生了非常好的市场效应。在1936年提格设计出柯达公司的班腾照相机，这是最早的便携式照相机，照相机的基本部件都被收藏在面盖之内，外形没有尖锐的棱角，相当安全（图4-45）。提格在与柯达公司合作的时期，也为其他的公司从事设计工作，比如美国书籍推销公司、赫尔德重型机械公司等。提格与工程技术人员密切合作，从外形上解决技术问题，他设计的机械具有比较少的凹凸外形，以便于清洁、保养、提高安全度，也便于工人使用。他是最早在产品设计中注意到人体工程学因素的设计师之一，利用人体工程学因素来设计出效率高、安全的产品。

图4-45 班腾照相机

2. 雷蒙德·罗维

雷蒙德·罗维（Raymond Loewy）是第一代自由设计师中最负盛名的，也是美国工业设计的重要奠基人之一，曾经上过《时代》周刊封面（图4-46）。他的一生都投身于工业产品设计、包装设计及平面设计，特别是企业形象设计，参与设计的项目达数千个，从可口可乐的瓶子到美国宇航局的"空中实验室计划"，从香烟盒到"协和式"飞机的内舱，所设计的内容极为广泛。1929年，他承接的第一份设计订单是改良基士得耶复印机，这份订单要求设计师在五天之内为该公司的复印机做出改型设计，使其外观与效能双向结合。罗维立即着手设计了一个外壳，将内部机器包于其中，并改变机器转动曲柄、复印台面的形状，用四条纤细却又坚实的支架代替了以往突出粗壮的支架。由于罗维的灵感，丑陋、笨拙的机器摇身一变，成为富有魅力的办公家具，得以传延了许多年。1935年，罗维设计的"可德斯波特"牌电冰箱是他设计的进一步提高，基本上改变了传统电冰箱的结构，变成了浑然一体的白色箱型，奠定了现代电冰箱的基本造型（图4-47）。在电冰箱内部，他做了一些合乎功能要求的设计调整，使这种电冰箱的销售从1.5万台急剧上升到27.5万台。罗维在20世纪30年代开始设计火车头、汽车、轮船等交通工具，引入了流线型，从而引发了风靡世界的流线型风格。1932年，罗维设计了"休普莫拜尔"小汽车，该车是获得美国汽车阶层好评的首批车型之一，标志着对于老式轿车的重大突破（图4-48）。1936年，罗维为宾夕法尼亚铁路局设计的K45/S-1型机车，这是一件典型的流线型作品（图4-49），车头采用了纺锤状造型，不但减少了1/3的风阻，而且给人一种象征高速运动的现代感。他摒弃了铆钉连接，采用焊接技术制造机车头外壳，不仅使其外形完整、流畅，而且简化了维护过程，从而降低了生产成本。可口可乐标志及饮料瓶的设计也是罗维20世纪30年代的成功之作。他赋予瓶身更加微妙，更加柔美的曲线，它的形状极具女性的魅力（图4-50），这一特质在商品中有时会超越功能性。罗维的设计在商业中获得巨大成功，为可口可乐公司带来了巨大利润，而可口可乐的经典瓶形也迅速成为美国文化的象征。1940年，罗维重新设计了"法玛尔"农用拖拉机，该设计采用了人字纹的胶轮，易于清洗，四个轮子的合理布局增大了稳定性，这一设计为后来拖拉机的发展指明了方向（图4-51）。同年，罗维为美国烟草公司"好彩香烟"包装做了重新设计，将绿底色改为白色，使印刷成本降低；随后在烟盒的正背两面印上好彩的标志，增大了整个烟盒的醒目度（图4-52）。改装后的好彩香烟在商业上获得巨大成功，其形象保持了40余年。1954年，罗维设计了灰狗长途汽车公司的灰狗巴士及标志。他采用了一种以水平线条为主的铝合金车身，转角光滑圆润，设计了一只跳跃的灰狗作为公司的标志，形成视觉上的识别特征（图4-53）。他还为壳牌公司重新设计公司标志，既延续了原有商标的贝壳概念，又将其风格化，使视觉效果更简洁有力（图4-54）。1967—1973年罗维被美国宇航局聘任为常驻顾问，参与土星—阿波罗与空间站的设计（图4-55）。罗维除了在美国有几家设计事务所外，还在英国、法国、巴西等国设立了设计事务所，设计师达数百人之多。他把设计高度专业化和商业化，使他的设计公司成为20世纪世界上最大的设计公司之一。作为美国工业设计的奠基人，罗维的一生伴随着美国工业设计从开始、发展及至顶峰并逐渐衰退的过程。

图4-46　罗维　　图4-47　"可德斯波特"牌电冰箱　　图4-48　"休普莫拜尔"小汽车

图4-49　罗维设计的K45/S-1型机车

图4-50　可口可乐标志与饮料瓶

图4-51　农用拖拉机

图4-52　"好彩香烟"盒

图4-53　灰狗长途汽车

图4-54　壳牌公司标志

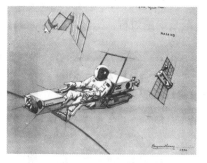

图4-55　空间站的设计草图

3. 亨利·德雷夫斯

另一位有重要影响的美国工业设计师是亨利·德雷夫斯（Henry Dreyfuss）。他的职业是舞台设计师，1929年改变了职业，创立了自己的工业设计事务所。德雷夫斯的一生都与贝尔电话公司的设计有密切的关系，他是影响现代电话形式的最重要设计师。1930年，德雷夫斯开始与贝尔公司合作,他坚持设计工业产品应该考虑的是高度舒适的功能性,他与贝尔公司的工程技术人员一起提出了"从内到外"的设计原则。1937年德雷夫斯提出了从功能出发,把听筒与话筒合二为一的设计被贝尔公司采用。德雷夫斯设计的300型电话机,在今天看来虽然老式,但这次设计首次把具有两部分且体积很大的电话机(图4-56)缩小为一个整体,这个设计的成功使贝尔公司与德雷夫斯签订了长期的设计咨询合约。早期的电话机材质是金属的,20世纪50年代初期开始转为塑料材质,从而奠定了现代电话机的造型基础(图4-57)。德雷夫斯的电话机因此走入了美国和世界的千家万户,成为现代家庭的基本设施。德雷夫斯首创了人体工程学,他的信念是设计必须符合人体的基本要求,适应于人的机器才是最有效率的机器。他多年潜心研究有关人体的数据以及人体的比例及功能,1955年出版了《为人的设计》一书,书中收集了大量的人体工程学资料。1961年他出版了著作《人体度量》一书(图4-58),从而为设计界奠定了人体工程学这门学科,德雷夫斯成为最早把人体工程学系统运用在设计过程中的一个设计师,对于这门学科的进一步发展起到了积极的推动作用。

  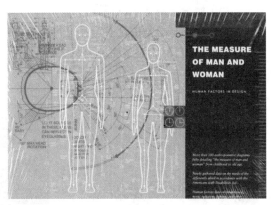

图4-56　早期的电话机　　图4-57　德雷夫斯设计的电话机　　图4-58　《人体度量》封皮

4. 诺尔曼·贝·盖茨

诺尔曼·贝·盖茨(Norman Bel Geddes)是一位非常特殊的设计师。他是世界艺术设计史中充满艺术幻想和创作激情的人物。他出生于美国密歇根州的一座小镇,先后毕业于克利夫兰艺术学校和芝加哥艺术学院。盖茨原本是舞台美术设计师,是舞台美术的革新者,其中较有影响的是他为但丁《神曲》设计的舞台美术,也经营过广告业并取得了一定的成绩。后来他又成为一位有名望的商店橱窗展示设计师,其展示的设计常常极富戏剧性。因为工作关系,他对工业产品的设计与改型深感兴趣,进而开始从事工业设计工作。作为美国最早的工业设计师之一,盖茨具有强烈的理想主义色彩,不愿在设计风格上随波逐流来博取顾客的欢心,有时会不顾公众的需要和生产技术上的限制去实现自己的奇想,然而正因为这样,无论是专家还是普通消费者反而更加欣赏他的设计作品。他一直具有强烈的未来主义趋向,在1939年纽约举办的世界博览会中,他为通用汽车公司展栏馆设计了20世纪60年代的未来景象,在这个项目里,他淋漓尽致地表现了他的未来主义理想。设计未来的城市、公路、交通系统,得到大众一致称赞(图4-59)。但是因为他理财能力不足,大量的设计费用没有能够收回,因此他的设计公司在第二次世界大战以后破产倒闭。1932年，盖茨出版了专著《地平线》，反映了他对技术的喜爱，对未来的憧憬，形成了一种新的设计美学原则的方式。这本书中包括了他的一些未来主义设计项目，对当时的人们来说，似乎像科学幻想。但是，他提供了设计发展和创造性想象的一个非常重要的、可供参考的基础，是非常可贵的。他提出的风格是一种具有现代技术特征，同时又具有外形的设计。比如他设计的第四号飞船，完全是一个精美的、未来的设计专题（图4-60）。他广泛采用了流线型风格，虽然他不是流线型风格的发起人，但是通过他的设计促进了这种风格的发展和普及。盖茨设计的作品不多，但他在自己的设计过程中却确立了工业设计程序。在产品设计时要注意以下几点：

（1）确定所要设计产品的功能；
（2）研究厂家所采用的生产方法和设备；
（3）进行合理的设计预算；
（4）向专家请教材料的使用；
（5）研究竞争对手的情况；
（6）对这一类型的现有产品进行周密的市场调查。

盖茨的这套设计程序奠定了现代工业设计的程序和方法。

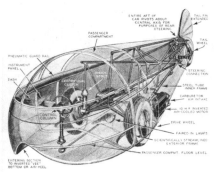

图4-59　盖茨设计的草图　　　　　图4-60　盖茨设计的飞船

虽然美国的工业设计缺少像欧洲现代主义设计的学术理论研究，也缺乏理想、充满试验的设计风格和设计集团，但是美国的设计以市场为依据，充满了实用主义的气息，形成了自己特色的现代设计风格。尽管这些设计师有着不同的教育背景和社会阅历，但他们都在激烈的商业竞争中跻身设计界。美国对于世界设计的最重要的贡献是发展了工业设计，并且把工业设计职业化。

第三节　理性的欧洲现代工业设计

现代主义的设计理念是源于20世纪初期的德国等欧洲国家。特别是德国的现代设计，强调逻辑关系和秩序化与体系化，发展出了一种以理性化为特征的设计风格。德国的设计是从20世纪60年代开始逐渐向多元化方向发展，一方面是理性主义设计风格仍占主导地位，强调秩序感、逻辑性、合理性和科学性，并融进了轻便性和灵活性等特征。另一方面是一些设计师从事了一些设计上的探索，试图改变统一的、严肃的、国际主义的设计面孔，而表现出一种个人化的、感性化的风格特点，这是德国设计上的前卫探索。

一、德国设计风格的形成

德国是现代设计风格的发起国之一。一直以来德国的设计在世界设计中占有一个举足轻重的地位并且影响到世界设计的发展，其理论也影响到世界设计理论的形成。早在20世纪初，德国的设计先驱已经从建筑设计入手，从事现代设计的探索和试验。在纳粹党取得政权之后，德国的这批现代设计先驱都基本移民到美国，从而在美国推动了现代设计的发展，造成了第二次世界大战结束以来的国际主义设计的发展和流行。德国对于设计的理性态度是强调人体工程原则以及功能原则，造就德国设计的坚实面貌，对于设计的社会目的性的立场，德国的现代设计具有最为完整的思想和技术结构。

1907年，正当法国的新艺术运动风靡欧洲之时，德国著名的外交家、设计理论家穆特休斯、设计师贝伦斯等人认识到了功能对现代设计的重要意义，从受法国影响的"青年派"分离出来，创办了德国第一个设计组织德意志制造联盟。联盟中的设计师也在实践中不断取得前所未有的成就，尤其是现代设计先驱——贝伦斯。贝伦斯的设计为人们确立了现代设计重功能、重理性的设计原则和设计形式。特别是他为德国通用电气公司设计的产品和企业形象奠定了现代设计的功能性基础。

德意志制造联盟的成立和贝伦斯的设计师事务所为现代设计的成型做了组织上、理论上和实践上的酝酿工作，也为包豪斯在德国的出现创造了必然条件，拉开了德国工业设计的序幕。1919年，包豪斯在德国的成立开创了世界工业设计革命。它集欧洲各国现代设计运动之大成，特别是对荷兰的风格派运动和俄国的构成主义运动的成果加以发展和完善，将欧洲的现代主义设计推到了一个空前的高度。包豪斯进一步发展了"德意志制造联盟"的思想，提出把建筑师、雕塑家和画家结合起来共同建造未来的大厦，同时确立了现代设计的教育体系。它抛弃了作坊式的手工艺生产方式，克服了工业革命初期产品粗制滥造的弊端，首次提出了把艺术与技术相结合的口号，从而推动了德国经济的超前发展，并因此形成了包豪斯特有的设计风格。但是1993年纳粹政府上台后，曾经在包豪斯时期一度达到国际高度的现代主义、功能主义、理性主义设计风格的试验，几乎全部停顿下来，即便是包豪斯本身，也在1933年4月被希特勒下令关闭。德国的设计遭到毁灭性的打击，设计运动一蹶不振。现代主义设计在包豪斯学院关闭后，随着其代表人物大批的移居美国，其发展的重心也被移到美国并结合美国社会的商业特点发展出了"国际主义风格"。

第二次世界大战后，德国人开始重振设计和设计教育事业，其背景较为复杂。一方面，他们希望通过严格的设计教育来提高产品设计水平，为振兴战后萧条的国民经济，期待在国际贸易中取得新的优异地位。另一方面，他们有感于德国发起的现代主义设计在美国出现商品主义、实用主义的转化。因此德国设计界的精英们希望重建包豪斯式的实验中心。通过他们的努力，德意志制造联盟在1947年重新成立，1951年成立了工业设计理事会，1953年又开办了乌尔姆设计学院，培养了大批工业设计人才，其思想是使设计直接服务于工业。乌尔姆设计学院发展了包豪斯的传统，提出了科学与技术相结合的新理性主义设计思想，把现代设计完全地、坚决地转移到科学技术的基础上，坚决地从科学技术方向培养设计人员。在教学中引入了数学、人机工程学、信息理论、社会学和心理学等课程，将设计上升到严谨的科学系统范畴，其目的是建立一种科学化、系统化的设计方法以得到普遍适用的设计法则，使设计教学往科学性的方向发展。同时还发展了"系统设计"这一严格系统化、理性化的设计体系，形成了冷峻、简洁、富有条理的设计风格。虽然学院因财政问题被迫于1968年关闭，但是乌尔姆设计学院的发展成为德国功能主义、新理性主义和构成主义哲学的中心。它所形成的教育体系、教育思想、设计观念至今依然是德国设计教育、设计理论教育和设计哲学的组成部分。把乌尔姆设计学院的精神变成设计现实的是德国通用电气公司的重要企业布劳恩公司。布劳恩公司是在1921年创建的电器设备制造厂商，也是整个欧洲甚至世界上首屈一指的王牌公司。其生产的电器设备比日本、美国等地的价格要高出几倍，但是销售量很高，始终受到消费者的青睐。早在20世纪50年代该公司就已经开始与乌尔姆设计学院建立了密切的学术交流和设计交流关系，它的设计人员都与学院有着教学往来，他们建立了把学院的思想灌输到布劳恩产品设计的渠道，在设计中灌输了乌尔姆设计学院强调的人体工程学原则，从而发展出高度理性化、高度秩序化的产品，影响德国其他企业的设计，继而影响到其他西方国家的设计。现代的工业设计，无论是美国产品还是香港产品，都具有明显的人体工程学中的人—机适应的特点，这应该说是乌尔姆—布劳恩体系的成功。通过与布劳恩公司的密切合作，乌尔姆设计学院发展出的理性主义设计风格成为第二次世界大战后联邦德国的设计风格，代表了联邦德国设计的最高水平。在20世纪50年代中期，布劳恩公司的设计师拉姆斯就与乌尔姆设计学院建立了合作关系。当时乌尔姆设计学院的产品设计系主任古戈洛特发展出了一套系统的设计方法，而拉姆斯则成为该理论的积极实践者。1956年，拉姆斯与古戈洛特共同设计了一种收音机和电唱机的组合装置。该产品被一个全封闭的白色金属外壳包裹着，加上一个有机玻璃的盖子，被称为白色公主之匣。1959年，他们将系统设计理论应用到实践中，设计了袖珍型电唱机收音机组合装置（图4-61），与先前的音响组合不同的是，其电唱机和收音机是可分可合的标准部件，使用起来十分方便，这种积木式的设计是以后高保真音响设备设计的开端。到了20世纪70年代，几乎所有的公司都采用了这种积木式的组合体系。拉姆斯将系统的设计方法在实践中逐渐完善，并推广到家具乃至建筑设计，使整个空间有条不紊，严格单纯，成为德国的设计特征之一。系统设计形成了完全没有装饰的形式特征，被称为简约风格，色彩上主张采取"非色调"：黑、白、灰。布劳恩公司的产品造型一直坚持着拉姆斯的设计理念，直截了当地反映出产品在功能上和结构上的特征（图4-62）。

在乌尔姆设计学院学习过的学生和教员都成了大企业的设计骨干，把学院的哲学思想带到了具体实践中去。艾斯林格创办的青

图4-61 袖珍型电唱机收音机组合装置

图4-62 布劳恩公司设计的打火机

蛙设计公司，其设计的产品就体现了乌尔姆设计学院和布劳恩公司的严谨和简练，他为维佳公司设计了一种亮绿色的电视机，命名为青蛙电视机（图4-63）。青蛙设计公司的设计不仅有乌尔姆设计学院的特点，同时还有后现代主义的新奇、怪诞、艳丽的特点，其设计哲学是形式追随激情，有时甚至带有嬉戏的特色，在设计界独树一帜，很大程度上改变了20世纪末的设计潮流。青蛙设计公司的出色表现大大提升了工业设计职业的地位，向世人展示了工业设计师是产业界的基本成员以及当代文化生活的创造者之一。艾斯林格的突破性设计使他成为继罗维之后登上美国商业周刊封面的设计师，并获得了终身成就奖，他的许多设计作为经典被纽约现代艺术博物馆收藏（图4-64）。他所领导的青蛙设计公司以其前卫，甚至未来派的风格不断创造出新颖、奇特、充满情趣的产品（图4-65），尤其在高科技产品方面极具影响力。

图4-63　青蛙电视机　　　图4-64　艾斯林格的设计作品　　　图4-65　青蛙设计公司设计的轮滑鞋

　　德国第二次世界大战后的现代设计发展，为世界各国的工业设计提供了宝贵的观念和理论依据，同时也影响了欧洲各国，如荷兰、比利时等国家。由于受到乌尔姆设计学院理念的影响，德国产品设计具有理性化、高质量、功能好、冷漠的特征。

　　从德意志制造联盟到包豪斯再到乌尔姆造型学院，在现代设计的发展过程中，德国经历了两次损失惨重的世界大战后的分裂局面。但德国的设计一直朝着理性主义的方向发展，德国不断地完善它理性的现代设计思想，始终走着一条科学性的设计发展道路。德国的设计风格是通过把混乱的现象秩序化和规范化，将产品造型归纳为有序的、可组合的几何形态，取得均衡、简练和单纯化的逻辑效果，设计出来的产品是重功能和技术的，是强调系统性和秩序感的。

　　正当德国设计界努力推进以系统论和逻辑优先论为基础的理性设计时，设计师科拉尼提出了另类的设计理念，试图跳出功能主义圈子，希望通过更自由的造型来增加趣味性，他设计了大量造型极为夸张的作品，因而他被人称为设计怪杰。科拉尼是一位非常受争议的设计师，也是最具颠覆性的设计师，被国际设计界公认为"21世纪的达·芬奇"。有人认为他离经叛道，也有人把他当作天才和圣人一样崇拜。他设计的作品具有空气动力学和仿生学的特点，表现出强烈的造型意识。早在20世纪50年代，他就为多家公司设计跑车和汽艇，1959年他设计了世界上第一辆单体构造的跑车BMW 700。20世纪60年代，他又在家具设计领域获得举世瞩目的成功。之后，科拉尼用他极富想象力的创作手法设计了大量的运输工具（图4-66至图4-68）、日常用品和家用电器。虽然它们并非100%都是优良设计，但是确实有极高的造型质量，受到公众的普遍认可，与此同时他也遭到来自坚持现代主义的设计机构的激烈批评。

图4-66　科拉尼设计的客车　　　图4-67　科拉尼设计的汽车　　　图4-68　科拉尼设计的超级空中巴士

二、荷兰皇家飞利浦公司

荷兰皇家飞利浦公司是世界上最大的医疗保健、照明公司之一，其足迹遍及全球。飞利浦公司将设计和技术融入了以人为本的设计方案中，创建了"精于心，简于形"的品牌形象。1891年，创建于荷兰的飞利浦公司以生产碳丝灯泡为主，在19世纪末20世纪初成为欧洲最大的碳丝灯泡生产商之一。为了开发新产品，飞利浦公司成立了研究实验室，专门从事新技术的研究与开发。随着这个部门的发展，工业设计也逐步在内部形成。

第一次世界大战后飞利浦公司基本是按照两个大的方式在发展：一个是以荷兰的国内市场为中心，以荷兰为设计、研究的基地的发展；另一个则是称为生产部门的生产体系，主要是在海外组织加工、生产、销售，根据具体情况决定设立工厂、加工点、仓库、销售部门等。把研究、设计与海外生产分开是飞利浦公司走向国际化的一个重要的发展步骤。其设计中心是直接受飞利浦公司管理总部负责领导的，中心内部设有若干小组，每个小组都是由高水平的专业设计师组成，小组中的研究和设计专题由管理总部下达并保持与公司的研究目的一致。飞利浦公司的设计中心有几个技术支持部门，包括模型制作部门、资料分析部门、情报收集部门，以及新发展出来的计算机设计部门。除此之外，飞利浦公司的市场研究部门、消费心理研究部门也为设计提供资料和技术支持。飞利浦公司的设计程序，基本可以分为以下几个主要步骤：①情报收集，情报分析，提出设计设想；②设计草图阶段；③各种草图和方案的讨论和分析；④提出定稿；⑤模型制作。以上的每个阶段工作都是采用小组联合研究的方式进行的。在整个工作过程中，每个具体的设计师都与小组的其他工作人员保持连续地讨论和研究，进行反复地交流。目的是集思广益，避免个人偏见造成的误差。飞利浦公司的设计中心要为公司开放新产品制定各种计划和标准。在设计时必须考虑到系列化、符合企业总体形象、标准化等问题。设计中心必须在产品的计划、设计、开发中体现以下几个基本的因素：①人机工程学因素；②安全性因素；③实用性与方便性因素；④有效性因素；⑤完整的外形和色彩；⑥耐用性因素。

20世纪40—50年代，科学和技术经历了巨大的变化，飞利浦公司发明了浮动刀头，继而发展出了Philishave电动剃须刀（图4-69），并为以后在晶体管和集成电路上的突破奠定了基础。20世纪70年代，在影像、声音及数据的处理、存储和传输方面也取得了突破性进展，从而发明了镭射影碟、激光唱盘和光学电讯系统。1972年，飞利浦公司创建了PolyGram（宝丽金）

公司,在音乐录制方面取得了巨大的成功。在1974年和1975年,宝丽金在美国分别收购了Magnavox公司和Signetics公司。1983年,飞利浦公司迎来了新的技术里程碑,即推出了压缩光盘。1984年,飞利浦公司生产了第一台电视机。在20世纪80年代收购的GTE Sylvania电视业务和Westinghouse照明业务帮助飞利浦公司实现了进一步的业务扩张。1997年,飞利浦公司与索尼公司合作,推出了另一项创新产品DVD,该产品成为历史上发展最快的家电产品。

进入21世纪,飞利浦公司的变革与发展的步伐始终没有停息,长久以来飞利浦公司在人们的心目中只是一个消费电子产品生产商。如今,公司开始规划新的蓝图,显示出了医疗保健、优质生活、照明领域的技术实力。2007年9月,飞利浦公司发布了

图4-69　Philishave电动剃须刀

"愿景2010"的策略,进一步将它打造成为高增长、高利润的公司。作为"愿景2010"的一部分,从2008年1月1日起,飞利浦公司精简了组织架构,成立了三大事业部:医疗保健事业部、照明事业部和优质生活事业部。通过这些举措,进一步将飞利浦定位为一家以市场为导向、以人为本的公司,其业务结构和发展策略充分反映了客户的需要。基于这样的业务组合,飞利浦公司正在积极打造"健康舒适、优质生活"领域的领导品牌(图4-70)。其所设计的飞利浦HTS 8100家庭影院(图4-71)荣获CES 2007最佳产品奖,集DVD播放器与扬声器为一体,采用飞利浦专有的回音环绕技术,通过时尚的集成单音箱实现无处不在的背景环绕音效。

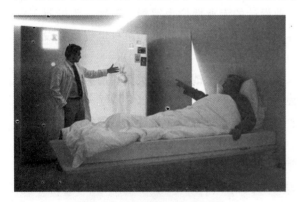

图4-70　飞利浦概念家庭医疗

图4-71　飞利浦HTS 8100家庭影院

三、英国工业设计的发展

英国虽然是工业革命的发源地,但是由于传统包袱的负荷过重和手工业的高度发展,到20世纪初,工业设计一直处于低潮状态。同时拉斯金、莫里斯的工艺美术运动也使英国的工业设计走了弯路,在相当长的时期里落后于时代潮流。

在1931年,英国一些年轻的建筑家和艺术家如詹姆斯·皮利恰德、威廉·科茨,曾经访问过包豪斯,他们在那里看到了自己完全不了解的设计创作氛围。回国后,他们确信有必要把

德国的功能主义原则移植到英国。英国工业设计界对格罗皮乌斯抱有很高的期望，格罗皮乌斯在英国工作了三年，曾在一些艺术学校中任教并参加了建筑展览的讨论会，他曾为英国公司设计家具，同时出版了著作《新建筑和包豪斯》。格罗皮乌斯未能把德国功能主义的思想与英国艺术传统结合起来，他的功能主义在英国没有合适的条件和土壤，在失望中格罗皮乌斯去了美国。

英国的政府在工业设计的道路上一直扮演着重要的角色，从1914年政府拨款成立了英国工艺美术研究所，到1944年一批有识之士聚集在一起成立了工业设计委员会（COID），这些协会对英国工业设计的发展起着关键性的作用。尤其是COID的成立对于英国向真正的工业设计迈进起到了积极的推动作用。于1936年实施的设计师登记制度是英国政府为设计师职业化做出的重要贡献。从最初坚持工艺美术运动的思想到接受功能主义思想并加以推广再到思考纯艺术与产业生产的关系以及努力提高全民设计认识，这个过程反映出英国政府以及设计协会为现代主义在英国的开展所做出的一步步的努力。在众多设计协会中最具影响力及代表性的人物是弗兰克·皮克。他为伦敦的交通工具奠定了至今未变的设计风格。皮克在设计指导中大胆贯彻了公交系统、识别系统以及其他有关设计项目系列化、标准化的思想。在他的组织下，一批设计师如爱德华·约翰斯通等都参与了设计，使伦敦的地铁、双层和单层的公交车、电车等都具有系列化的外形，而车厢色彩也有了明显的区分，如公共汽车为红色，电车为绿色等。这是视觉识别的现代概念以及企业形象设计用于工业设计的较早的典范。此外，皮克还对所有公共标志及其使用的英文字体进行了系列化的设计改革，这一改革不仅对英国，乃至对全世界都具有重要意义。在政府的扶持下，英国工业设计的组织及活动越来越规范，全民对设计的尊重和认识得到了提高，工业设计的专业地位也得到了巩固，为世界工业设计的发展开创了一种有别于美国式市场引导的方式，为后来英国设计跻身世界优秀设计之林创造了条件。

图4-72　莫里斯牌小汽车

第二次世界大战期间，英国政府为了迅速恢复和发展工业生产而对工业设计采取了一系列政策措施，使得工业设计在整个设计领域取得了巨大的成就，如英国的汽车、收音机和飞机在当时都处于世界领先地位。1948年，由设计师阿列克·伊斯戈尼斯设计的莫里斯牌小汽车，从大众化、实用性的原则出发，小巧而紧凑，但同时又满足英国国民普遍存在的追求表面高贵的心理（图4-72）。莫里斯牌小汽车成为英国第一种可以在国际市场与德国"大众牌"汽车媲美的小汽车。1959年，伊斯戈尼斯又设计了莫里斯超小型汽车，采用前轮驱动，具有简单、非正规化的外形特征，为日后欧洲小型汽车设计奠定了基础（图4-73）。

图4-73　莫里斯牌超小型汽车

1949年，由英国穆拉德公司设计生产的穆拉德MAS-276型收音机，用深色外框把旋钮刻度板、喇叭等部件集中到面板中间,这种设计成为整个20世纪50年代台式交流收音机样式的典范(图4-74)。1954年,由乔治·爱德华参加设计的"子爵式"飞机,是世界上第一种涡轮螺旋桨飞机,外形与饰线已明显摆脱了形式主义的倾向,强调了速度感,表达出高度的视觉传达功能性,被航空界认为继DC-4客机之后波音707之前最优秀的民航客机。

图4-74 英国穆拉德公司设计的MAS-276型收音机

进入20世纪50年代以后,英国在家具设计方面引进了大量斯堪的纳维亚生产的木制家具,这不仅影响到了英国本国的家具生产,还在某种程度上影响了英国人对于优秀家具设计、品质的判断,很多英国人都喜欢上了这类孕育着自然气息的家具用品。

设计师雷斯是英国当代主义风格的代表人物之一。他早年在建筑学院学习室内设计,推崇现代设计艺术思想,后来从事家具设计特别是利用钢管和铝材料设计生产轻型家具,其代表作品有1951年设计的"羚羊椅",这种椅子采用钢管和胶合板组合的方式制成。

在家具设计与室内设计方面,罗宾·戴是英国20世纪50年代最具代表性的家具与室内设计大师,其设计的作品注重功能、经济法则和现代感。他同他的妻子为推动英国现代设计的发展做出了举足轻重的贡献。1947年罗宾·戴的斯堪的纳维亚旅行让他深受启发,决定回国创立英国的现代主义设计。在1948年他和妻子开办了自己的设计事务所,主要从事家具设计、展览设计、平面设计及各类工业设计。1949年纽约现代艺术博物馆举办全球性的"低成本家具设计国际竞赛",他与家具设计师克里夫·拉提莫提交了一组由胶合板与铝制框架组成的储藏柜,因为选用了新型材料而获得了储藏类家具的一等奖。不久他就受到英国希尔家具制造公司的委托为1949年的"英国工业博览会"设计家具。1950年,他设计的一个组合柜具有良好的功能和完整的外观,是世界上较早出现的现代组合家具之一,并在1951年的米兰设计展中受到好评。1957年,他为英国铁路系统休息厅设计的椅子结构简单而结实,外形朴素,难以损坏,能较好地适应公共场所高频率的使用,成为功能家具设计的优秀代表作品。戴的家具设计是以工业化批量生产为目标的。1950年戴开始发展他的弯曲胶合板家具,但因当时没能研制出三维层压制作胶合板的方法,其家具作品中均使用二维层压的构件,但实际上戴采用了两次二维层压后所取得的构件,其形式已与三维层压制作的构件效果差别不大。这批1950年设计的被命名为"希尔椅"的家具系列旨在将一种物美价廉的现代设计带给英国公众。戴的一生中最成功的家具设计就是在1963年完成的聚丙烯家具系列,最初是受到美国设计大师伊莫斯的"塑料壳体椅"的启发,戴认为可以利用新材料发展出一系列更低造价的椅子。其单件造型的壳体座位是第一次使用聚丙烯模压制而成,这是当时刚发明不久的一种价格低廉、经久耐用又轻便的合成塑料,当时这种单体模具一周能制作出4 000个同样的壳体座位并且能变换不同色彩。戴设计的Poly椅(图4-75)也大获成功,自1963年至今,已销售2 000多万件,后来许多年间,设计师又在原有作品的基础上做了许多变形设计,满足了更广泛的市场需求,从而使这件作品成为20世纪最为人们所熟悉的现代家具之一。

图4-75 戴设计的Poly椅

在平面设计方面,由于受到美国设计师贝斯的设计风格的影响,所以英国的平面设计处于国际印刷版面的明确造型风格和纽约的视觉传达表现主义之间。斯本塞是这一时期视觉传达设计的重要人物,他对现代艺术和设计的透彻理解被转化到印刷版面的敏感性和结构活力之上。其中重要的设计组织是由著名设计师弗拉奇、福勃斯和吉尔于1962年共同建立的"弗拉奇、福勃斯和吉尔"设计创作室。这个组织尽管后来人员有些变化,但一直在英国平面设计中起着十分重要的作用。他们主张设计风格和基本理论的多样化,其著名的设计有1965年为《视觉传达》设计的封面、1965年弗拉奇为伯拉里拖鞋公司设计的公共汽车招贴以及1969年弗拉奇为影片公司设计的信笺。

英国的工业设计能在短时间内重新振兴,是与政府的大力倡导和扶持分不开的。到目前为止,世界上由政府主办的规模最大、最具实力的工业设计机构都在英国(即英国工业设计委员会和英国设计中心),这样的机构不仅对英国也对全世界的工业设计产生影响。英国工业设计委员会出版的《设计》月刊,是世界上最重要的工业设计专业杂志之一。英国工业设计取得的成就在很大程度上归功于政府的扶持政策。这种政策的效力在北欧一些国家中也先后得到了验证。

第四节 斯堪的纳维亚设计思想及风格特征

斯堪的纳维亚半岛处于欧洲的最北部,包括丹麦、瑞典、芬兰、挪威、冰岛。由于特殊的地理位置,这几个国家形成了自己独特的设计风格即斯堪的纳维亚风格。斯堪的纳维亚设计风格指的是20世纪30—50年代流行于国际的一种设计风格,它是一种现代风格,是将现代主义设计思想与传统的设计文化相结合,既注重产品的实用功能,又强调人文因素在设计中的体现,同时避免过于刻板和严酷的几何形式,从而产生一种具有"人情味"的现代美学。森林湖泊、山脉原野等极富魅力的自然风光孕育了斯堪的纳维亚人超凡的创造力,对大自然的热爱和对简朴生活的追求都被斯堪的纳维亚设计思维完美诠释。在自然、和谐以及情感直觉艺术方面诠释出了全新的设计风格。

一、瑞典设计思想及风格

20世纪30年代，瑞典的工业相对来说比较发达，功能主义也对瑞典的设计产生很大的影响。对于大自然的热爱和简朴生活的追求及功能主义的融入，使瑞典的设计以"优雅"著称。这个人口不足千万的国家，具有优越的社会条件和贴近自然的生活习惯，注重生活的舒适和品质细节，在设计和艺术建筑方面始终处于世界领先地位。早在1845年，瑞典就成立了世界上第一家工业设计协会，从事技术型工业生产的公司聘请艺术家来进行创作，用以提高设计水平。马姆斯登和马特逊是瑞典现代设计师的代表人物，他们在20世纪30年代为创立斯堪的纳维亚设计哲学基础做出了很大贡献，并对第二次世界大战后设计的发展产生重要影响。他们的家具设计思想建立了瑞典居家环境轻巧而富于人情味的格调，为家庭成员度过漫长而寒冷的冬季提供了重要的心理依托。马特逊喜欢用压弯成型的层积木来生产曲线型的家具，这种家具轻巧而富于弹性，提高了家具的舒适性，同时又便于批量生产（图4-76）。出身于雕刻世家的沙逊也是瑞典非常著名的设计师，他曾经在巴黎学艺术，后来成为一名工程师。1955年，沙逊与沙巴公司建立了工作关系，负责该公司小汽车的外观与内部设计。1960年他设计了著名的"99"沙龙车，这一设计采用了当时非常先进的楔形车身，将外形优美的比例与舒适、操作方便完美地结合起来。第二次世界大战后沙逊成立了自己的设计事务所，他还为胡斯奎纳公司设计家用设备及电动工具，为伊莱克斯公司设计真空吸尘器，为ASJ公司设计巴士、火车机车等。

1930年，瑞典工艺协会主办了著名的斯德哥尔摩博览会，这标志着功能主义在斯堪的纳维亚设计的突破。它成为现代主义的国际性广告，不仅强调每一件物品本身的设计，还关注物品与整个室内装饰的协调性（图4-77和图4-78）。1939年，在纽约的世界博览会上，瑞典第一次展出了自己的设计产品，引起了世界各国强烈的兴趣和普遍的欣赏，确立了"瑞典现代风格"作为一种国际性概念的地位。第二次世界大战后，瑞典的室内设计与家具得到世界认可，并且广为流行。瑞典家具成为世界最杰出的家具设计的同义词。

图4-76　马特逊设计的扶手椅　　　　图4-77　瑞典家具设计　　　　图4-78　桃木椅子

瑞典有非常发达的玻璃制造业、陶瓷制造业、水晶制品及木制品等。特别是瑞典的陶瓷和玻璃器皿得到世界各国的喜爱（图4-79）。陶瓷设计中的一个非常重要的人物是威廉·盖茨，他长期以来为古斯塔夫博格公司设计陶瓷产品，1939年设计的一套陶瓷餐具，采用白色作为底色，加上浅灰色的波浪纹装饰，既现代又典雅，是瑞典现代主义非常典型的作品。

图4-79　水晶玻璃器皿

二、丹麦设计思想及风格

斯堪的纳维亚的设计风格有着强烈的共性，它体现了丹麦、瑞典、芬兰、挪威和冰岛这五个国家多样化的文化、政治、语言、传统的融合，以及对于形式和装饰的克制，对于传统的尊重，在形式与功能上的一致以及对自然材料的欣赏。丹麦是北欧斯堪的纳维亚半岛上的一个小国，国土面积为4.3万平方千米，人口500余万。但在国际设计界，丹麦却是一个很有影响力的国家，在城市规划与设计、建筑设计、室内设计以及相关的家具、灯具等设计领域独树一帜，创造了一种简洁、温馨、自然且富于人情味的居家环境而为世人称道。丹麦人把设计作为一种生活方式、一种物质文化，因而在居家环境的每个方面都体现出设计的独具匠心，自20世纪初以来，丹麦的家具设计就在国际上享有盛誉，丹麦首都哥本哈根的贝勒中心是世界上三大家具展销中心之一。丹麦的家具设计，从材料到设计再到工艺制作都是值得崇敬的。丹麦设计重功能也重形式的美感，他们擅长在传统和民间的样式及自然的造型和色彩中获得设计的灵感，采用天然的材料，如木材、皮革、藤条等。一般木质家具多不上油漆，而采用磨光上蜡的工艺，以保持木材的自然纹理与质感，同时注重人机学的理论，体现人情味的现代美学，这些使丹麦家具有一种自然、令人亲近的感觉。丹麦的地表柔缓、湖泊平静、海岸缓缓弯曲塑造了丹麦设计的风格，在功能主义的基础上又展示出典雅的审美效果。

丹麦有许多享有国际声誉的家具设计大师。其中最有影响力的设计师之一是汉斯·瓦格纳。瓦格纳出生于欧登塞，毕业于哥本哈根工艺美术学校，他与其他丹麦家具设计师一样，自身就是手艺高超的细木工，对家具的材料、质感、结构和工艺有深入了解。人文因素是瓦格纳设计的基础，他的家具不仅显示了他对人类生理上舒适的深切理解，同时也表明了一种深刻的美学洞察力，在他的家具设计中有一种极富感染力的天然材质美。瓦格纳设计的名为"椅"的扶手椅，使他的设计走向了世界，也成为丹麦家具设计的经典之作（图4-80）。"椅"拥有流畅优美的线条，细腻的打磨使得木质构件转角圆润，很少有生硬的棱角，拥有高雅质朴的造型,让使用者在触及时感觉非常安全。瓦格纳的设计简单、直截了当,没有任何不必要的东西,这和我国明代的家具设计特点很相像。其设计的"中国"椅具有我国明代家具的特点,把我国明式圈椅简化到只剩最基本的构件,每个构件又细腻而舒适(图4-81)。瓦格纳是一位不知疲倦的设计师,一生作品无数,他设计的"y"形椅和孔雀椅也是最具知名度的作品,其中孔雀椅那细骨条的椅背,以及形成孔雀样子的轮廓,不仅给人带来视觉上的愉悦,同样也带来了良好的人机性(图4-82和图8-83)。

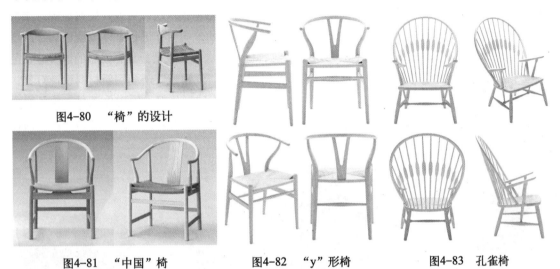

图4-80 "椅"的设计

图4-81 "中国"椅   图4-82 "y"形椅   图4-83 孔雀椅

丹麦另一位具有国际影响力的建筑师、设计师是雅各布森。雅各布森毕业于丹麦皇家艺术学院,他是国际主义现代风格最有才华的实践者之一。在20世纪时,丹麦并没有专门的室内设计专业,建筑师不仅要设计建筑,还要设计室内以及家具、灯具、陈设乃至窗帘等,以保证建筑与室内风格的连贯与统一。建筑师雅各布森设计了许多极为成功的家具和其他家庭用品。与瓦格纳不同,他的家具多使用现代材料和现代成形工艺,但家具的造型则更趋于有机形态,将刻板的功能主义形式转变成优雅的形式。雅各布森受到现代主义的影响,在实践中以材料性能和工业生产过程为设计主导而摒弃那些不必要的烦琐装饰,将冰冷刻板的功能主义变成了精练而雅致的形式,这也正是丹麦设计的一个特色。雅各布森是"新现代主义"的代表人物之一,他设计的作品十分强调细节的推敲,以达到整体的完美,他把家具、陈设、地板、墙纸、照明灯具和门窗等细部看得与建筑总体和外观设计一样重要。他的大多数设计都是为特定的建筑而创作的,因而与室内环境浑然一体。雅各布森在20世纪50年代设计了三种经典的椅子:1952年为诺沃公司设计的"蚁"椅(图4-84),1958年为斯堪的纳维亚航空公司旅馆设计的"天鹅"椅(图4-85)和"蛋"椅(图4-86)。这三种椅子均采用热压胶合板整体成型,具有雕塑般的美感。其中"天鹅"椅因其外观宛如一个静态的天鹅而得名,其在制造技术上十分创新,椅身由曲面构成,完全看不到任何笔直的线条,椅身为合成材料,包裹泡绵后再覆以布料或皮革,表现出雅各布森对材质应用的极致追求。"蛋"椅采用玻璃钢内坯,外层是羊毛绒布或者意大利真皮,坐垫和靠背大小符合人体结构,内有定型海绵,增加弹性,而且耐坐不变形。整个椅子的布或皮下面都有弹性海绵,不仅外观圆滑而且更富有弹性,让坐感更加舒适。"蛋"椅的四星亮光铝脚可以使其360°旋转，铝合金脚和不锈钢脚都要达到镜面效果，光亮照人，加上精心设计的椅身与扶手，两边对称相应，配上脚踏，使其更具人性化。雅各布森在20世纪60年代设计了筒系列餐具，强调简洁、有力的形式并使用工业化的材料，使作品富有高雅的现代感，成为丹麦20世纪60年代工业设计的杰出代表（图4-87）。

维诺·潘顿是丹麦著名的工业设计师，于1947—1951年在丹麦皇家艺术学院学习，曾在雅各布森的事务所工作，后定居瑞士巴塞尔。他打破了北欧传统工艺的束缚，运用鲜艳的色彩和崭新的素材，开发出充满想象力的家具和灯饰。从20世纪50年代末起，他就开始对玻璃纤维增强塑料、化纤等新材料的试验研究。60年代，他与美国米勒公司合作进行整体成型玻璃纤维增强塑料椅的研制，于1968年定型（图4-88）。这种椅可一次模压成型，具有强烈的雕塑感，色彩也十分艳丽，至今仍享有盛誉，被世界许多博物馆收藏。潘顿还善于利用新材料设计灯具，如1970年设计的潘特拉灯具，1975年用有机玻璃设计的VP球形吊灯。同时他还是一位色彩大师，他发展的所谓平行色彩理论，即通过几何图案，将色谱中相互靠近的颜色融为一体，为他创造性地利用新材料中丰富的色彩打下了基础。

图4-84　"蚁"椅　　　图4-85　"天鹅"椅　　　图4-86　"蛋"椅

图4-87　筒系列餐具　　　图4-88　潘顿设计的座椅

除了家具以外，丹麦的灯具和金属制品也具有相当高的世界声望。特别是汉宁森设计的PH系列灯具在当时的巴黎国际博览会上获得了金牌，并且至今仍是国际市场上的畅销产品（图4-89）。汉宁森出生于1894年，曾就读于哥本哈根技术学校和丹麦的科技学院，他被誉为丹麦最杰出的设计理论家。他所设计的PH系列灯具是在1925年的巴黎国际博览会上唯一与柯布西耶的新精神馆相媲美的优秀作品。PH系列灯具不仅是斯堪的纳维亚设计风格的典型代表，还体现了艺术设计的根本原则：科学技术与艺术的完美统一。PH系列灯具的重要特征是：①所有的光线必须经过一次反射才能到达工作面,以获得柔和、均匀的照明效果,避免较清晰的阴影;②无论从任何角度均不能看到光源,以免眩光刺伤眼睛;③对白炽灯光谱进行补偿,来获得适宜的光色;④减弱灯罩边缘的亮度,允许部分光线溢出,防止灯具与黑暗背景形成过大的反差造成眼睛不舒适。丹麦的灯具不但强调合理、有效的照明,还融入了人性化因素,对人眼进行全方位保护。汉宁森是世界上第一位强调科学、人性化照明的设计师,他所设计的PH系列灯具至今仍被丹麦的普通家庭沿用。PH系列灯具形似重叠的贝壳,灯泡完全被灯体覆盖,无论从任何角度都看不到光源,以免眩光刺激眼睛;每道光线均经过一次或多次反射散落在桌面,以获得柔和、均匀的照明效果;在灯体内部,光线就被进行了分割,从而减弱灯罩边沿的亮度,这是普通乳白色玻璃灯罩难以达到的;PH系列灯具还将白炽灯的光谱往红色方面偏,以获得宜人的光色。毫不夸张地说,在北欧,家家户户的灯具都渗透了汉宁森的设计理念。由于一件真品的价格高达上千美元,因此,大多数家庭选购的还是做工精良的仿制品,每件造价在几十到几百美元。在材质上,也由早期的不锈钢、黄铜、漆质表面延伸到了纸、合成绸等品种。

图4-89 PH系列灯具

丹麦的家用电器设计也享有盛名。在国际设计界Bang&Olufsen(简称B&O)是一个非常响亮的名字,在每年的国际设计年鉴和其他设计刊物上,在世界各地的设计博物馆和设计展览中,B&O公司的设计都以其新颖、独特而受到人们的关注。1925年,两名年轻丹麦工程师以微薄的资金租了一间小房间作为工厂,创立了B&O公司。他们起先只设计和生产收音机,在1927年推出的七灯电子管收音机能够自然逼真地重现电台播送的音乐,为他们赢得了初步的声誉。1928年,B&O商标正式启用。不久,经典广告语"丹麦质量的标志"出笼,两者水乳交融,推动B&O公司成为丹麦最具影响力、最有价值的品牌之一。它的每一件产品都象征了科技和设计的和谐与平衡,每一件产品都是为提高顾客的生活品质和享受而创造。20世纪60年代早期,B&O公司提出了"品位和质量先于价格"的广告语,这句话也奠定了B&O公司传播战略的基础并成为产品战略的基本原则。1967年,著名设计师雅各布·彦森推出了Beolab 5 000立体声收音机。他设计了一种全新的线性调谐面板,其精致、简练的设计语言和方便、直观的操作方式,确立了B&O公司经典的设计风格。在遥控技术被广泛应用之后,B&O公司的产品基本消除了人工操作按键，使产品的外观更为简洁。对于B&O公司而言，设计不是一个美学问题而是一种有效的媒介。通过这种媒介，产品就能将自身的理念、内涵和功能表达出来，因此基本性和简洁性是产品设计的两个重要原则。产品的操作必须限制在基本功能的范围内，去掉一切不必要的装饰。密斯的"少就是多"的理论在B&O公司设计中得到了充分的体现，其目的是使用户与产品之间建立起最简单、最直接的联系(图4-90和图4-91)。

图4-90　丹麦B&O公司生产的音响（一）　　图4-91　丹麦B&O公司生产的音响（二）

在将近80多年的发展历程中，B&O公司以优质的物料、可靠的性能、直观的操作方式表现出一种对品质、高技术、高情趣的追求，让产品与居住环境艺术相融合，以及使售后服务完善，从而闻名全球。B&O公司的产品无论是设计还是材料，或是画面及声音的质量，都充分体现了专有的风格和品位，追求产品与环境的和谐，体现出以人为本的精神，带给用户超越期望的精神和感官享受，现在的B&O公司产品已成为"丹麦质量的标志"。B&O公司制定了七项设计基本原则：①逼真性。真实地还原声音和画面，使人有身临其境之感。②易明性（图4-92）。综合考虑产品功能、操作模式和材料使用三个方面，使设计本身成为一种自我表达的语言，从而在产品的设计师和用户之间建立起交流。③可靠性。在产品、销售以及其他活动方面建立起信誉，产品说明书应尽可能详尽、完整。④家庭性。技术是为了造福人类，产品应尽可能与居家环境协调，使人感到亲近。⑤精练性（图4-93）。电子产品的设计必须尊重人机关系，操作简便、舒服。⑥个性。产品是小批量、多样化的，以满足消费者对个性的要求。⑦创造性（图4-94）。采用最新的技术，把它与创新性和革新精神结合起来。

  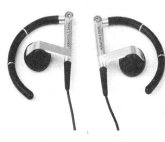

图4-92　B&O电话机设计　　图4-93　B&O电视　　图4-94　B&O耳机

三、芬兰的设计思想及风格

芬兰被誉为"千岛之国"与"千湖之国",设计中自然、淳朴的元素以及偏向于用木材作为设计的基本要素都和芬兰人与自然的亲近密切相关。长期在极地生活的体验使芬兰人对材料极其爱惜,他们以少量的材料生产出最好的产品,因此芬兰的设计整体上给人以简洁自然、人性化、功能主义的印象。20世纪最著名的设计师是阿尔瓦·阿尔托,他是芬兰现代建筑师,是人情化建筑理论的倡导者,同时也是一位设计大师及艺术家。阿尔托设计的赫尔辛基"文化宫"(图4-95)和"芬兰宫"(图4-96)都是芬兰人的骄傲。在1937年的巴黎世界博览会上,阿尔托设计的芬兰馆以"运动中的木"为实施方案,柱子以藤条绑扎圆木,曲折的外墙则用启口木板拼接而成,小巧精致、典雅秀美,被誉为"木材的诗篇"。它的结构采用立体主义的手法,形成多面的结构,色彩则是用纯白色,给人以单纯、平静的感觉。建筑的地点是在赫尔辛基的图朗阿提海湾,纯白色的建筑耸立在山上,远远望去像蓝色海洋里白色的风帆,给整个赫尔辛基带来无限的动感。阿尔托在建筑方面奉行新兴的功能主义建筑思想,抛弃一切传统风格,使现代主义建筑首次出现于芬兰,同时也推动了芬兰现代建筑的发展。他热爱自然,建筑设计常常利用自然地形,融合优美景色,使其风格纯朴。他所设计的建筑平面灵活,使用方便,建筑造型娴雅,空间处理自由活泼,有动感,使人感到空间在不断延伸、增长和变化。由于芬兰盛产木材,铜产量居欧洲首位,因此阿尔托设计的建筑的外部饰面和室内装饰都反映木材特征,用铜作为点缀,表现出精致的细部。建筑物的造型沉着稳重,结构常采用较厚的砖墙,其门窗设置得宜。他的作品不浮夸、不豪华,也不追随欧美时尚,创造出独特的民族风格,具有鲜明的个性。

图4-95 赫尔辛基"文化宫"　　　　　　图4-96 "芬兰宫"

与丹麦不同,芬兰的设计师比较重视家具的机械化批量生产。简洁、实用是芬兰设计师设计的特点,构思奇巧是芬兰设计师的精髓。芬兰人特别擅长利用自然资源达到设计目的。阿尔托的设计思想曾受北欧新古典主义的影响,但他的作品并不是旧形式的再现,而是应用当地材料,结合现代工业精神与波罗的海地区的传统进行创新。特别有创见的是他利用薄而坚硬但又能热弯成型的胶合板来生产轻巧、舒适、紧凑的现代家具,已成为国际上驰名的芬兰产品。阿尔托于1928年设计了一款扶手椅,该扶手椅是采用胶合板和弯木制成的,轻巧而实用,充分利用了材料的特点,既优美雅致而又舒适(图4-97)。在阿尔托的作品中斯堪的纳维亚的功能主义体现得十分明显。阿尔托还运用当地材料,结合工业化的精神,对旧形式提出改良,他设计的三条腿的坐凳（图4-98），改变了四条腿的模式，是对传统家具的一个突破。在1935年，阿尔托与另外两个朋友一起创建了阿泰克公司，其经营理念是通过设计和销售家具来提升芬兰的现代居住文化。他们倡导一种完全崭新形式的日常生活环境，现在的阿泰克公司已经成为芬兰最具声望的家具公司之一。阿泰克公司的家具系统是以标准化和系统化为基础，这使得其家具品种多样而且适用于各种不同的客户和环境，从公共空间到家庭，从博物馆到学校，从旅馆到办公室等。艾洛·阿尼奥也是芬兰著名的设计师，他的设计大都带有浓厚的浪漫主义色彩和强烈的个人风格，宛如来自灵幻的童话世界。他设计了一把著名的椅子——"球形椅"（图4-99），这把椅子完全打破了常规，即椅子未必要有四条腿、一个靠背和一个座椅，它可以是任何形式。它的主体造型实际上是球形的一部分，用玻璃钢制成，椅腿部分是一个可旋转的金属支架，就座者与外界半隔绝，形成一个小天地。

图4-97　扶手椅

图4-98　三条腿坐凳

图4-99　"球形椅"

在芬兰最引人关注的是设计师并不是仅仅局限在某一个设计领域，而是涉足很多领域，创作范围之广，令人咋舌。同一个设计师可能覆盖城市规划、建筑、室内设计以及家具、灯具、纸张等日用品的所有领域。如世界顶级的玻璃器皿大师塔皮奥·维卡拉，他是以玻璃、陶瓷、金属器皿闻名于世，但是他也从事平面、包装、家具、展览设计等，几乎无所不能。对于大多数人来说，这样的设计是困难的，但是对于他们来说几乎是自然而然的结果。这背后所支撑的是他们对于材料特性与规律的把握，和谐地运用，以及对自然知识的深刻理解。斯堪的纳维亚的人性化设计还在阿尔托的玻璃制品上展现出来（图4-100）。他在1937年设计的花瓶，采用了有机形态的造型，随意而有机的波浪曲线轮廓，打破了传统对称玻璃器皿的设计标准，其创作灵感来自芬兰湖泊的边界线。他的玻璃制品参加了巴黎国际博览会，成为世界众多博物馆的珍藏品。他主张在设计上应用自然物质与有机形式，并且以流线型为设计风格，表现一种温馨、人文的情调风格。对于现代设计上的功能，阿尔托

图4-100　花瓶

主要是从技术角度来考虑的，他强调的是侧重于生产的经济性。相对来说，现代设计的最新课题是"如何使合理的方法突破技术范畴而进入人文与心理的领域"。阿尔托在工业设计上这种"软"处理揭示出20世纪50年代"有机现代主义"的基本特征。

斯堪的纳维亚设计永远给人清新自在、与世无争的感觉。蓝白色的结合象征着纯净的海和北欧半岛冰天雪地的景象。叶子图案的巧妙运用成为斯堪的纳维亚风格的典型元素。斯堪的纳维亚设计是对生活的设计，其功能实用、美感创新和以人为本的设计风格深入人们生活的每一个角落。

第五节　战后崛起的日本工业设计

由于第二次世界大战的影响，日本各方面几乎陷入瘫痪地步，其工业设计发展亦是如此。所以说，日本设计的早期活动主要集中在工艺美术、手工业行业中，因为第二次世界大战后首先得到恢复的是手工业部门，而设计活动在这些部门中发展较早。

日本的工业在第二次世界大战中，遭到极为严重的破坏，大部分厂房、设备毁于战火之中，幸存下来的也已陈旧不堪。从20世纪50年代起，他们一方面汲取欧美等先进国家的经验，引进技术和设备；另一方面加强技术管理，积极开展技术革新和改造活动。在20世纪60年代，日本的工业已经进入全盛时期，发展到今天已成为世界工业的强国。第二次世界大战后日本的工业设计与工业发展一样，呈直线上升趋势，经历了恢复时期、成长时期、发展时期等阶段。

一、日本工业设计的恢复时期

1945—1952年是日本工业的恢复时期，也是日本工业设计的萌芽阶段。第二次世界大战后，在美国的支持和援助下，日本把精力主要用于发展经济。在发展经济中，日本政府通过学习和借鉴美国的经验，深刻地意识到要发展经济就必须重视工业设计。于是一方面通过宣传、教育提高企业及全民的工业设计意识，另一方面向杰出的设计师学习，从优秀的设计国家汲取设计思想。在1947年，日本举办了"美国生活文化展览"，在这次展览中，日本通过大量实物及图片资料介绍了美国工业产品的设计以及工业设计在生活中的应用。1949年，又举办了"美国大学设计展和外国生活资料展"，这些资料展出了大量国外当时的先进生活用品。1951年，日本举行了"设计与技术展"，这一系列的展览促进了日本工业设计的进步。同年，日本成立了隶属于通产省的"日本出口贸易研究组织"，该组织一方面为日本政府提供有关产品设计的情报；另一方面负责派遣日本学生到外国学习设计和邀请国外重要的设计专家来日访问讲学。美国最著名的工业设计大师雷蒙德·罗维就曾被邀请访问日本。罗维在日本讲学期间，对日本工业设计产生了重大的影响，将美国式的设计风格、理念带到了日本，一时间，在日本设计界出现了模仿美国的风潮。通过他的讲学，使日本工业设计师了解到世界最新的工业设计理论、技术和设计状况。1952年，日本工业设计协会正式成立，从而建立了从恢复时期向成长时期迈进的里程碑。虽然这个时候工业设计的概念在人们心中还没有成形，企业内没有专门的部门进行策划，也没有专业的工业设计师，都是由艺术家兼职的，工业设计的工作也还只是停留在简单的掩饰性外观设计上,但是由于政府的重视,日本的工业设计已前进了一大步。

第二次世界大战后日本经济的发展,使教育成为重要的杠杆。无论是第二次世界大战后最困难的时期,还是20世纪60—70年代高速增长时期,教育始终是政府给予特殊关注的问题。日本政府重视教育,主要表现在以下方面:①义务教育、高中教育、中高等教育体系完善;②教育经费投入逐年增加;③提出"造就人才""建设国家"的发展战略。通过大力发展教育,日本国民的整体素质大幅度提高,发展经济所需的各类人才都有了较充分的保证。1951年,日本将工业设计正式引进高等教育中,日本的千叶大学最早成立了工业设计系。紧接着日本艺术大学也开设了工业设计课程。到了20世纪50年代末,日本共有6所大学设立了工业设计课程。工业设计课程进入高等学府,提高了设计的层次。与此同时,日本对教育与宣传也十分重视,工业设计的概念通过宣传不仅增强了企业的竞争力,而且提高了全民的意识。

二、日本工业设计的成长时期

1953—1960年这一时期是日本工业设计的成长时期,工业设计的发展带动了经济与贸易的持续发展。日本工业设计发展标志性的一年是1952年,日本工业设计协会(JIDA)成立了。JIDA的研究方向从一开始就紧跟国家形势,将日本设计界和社会的发展紧密结合。由于日本的工业设计注重设计生产的批量化和规范化,电视机、汽车、摩托车、家用电器等工业产品产量剧增。各企业都纷纷成立自己的设计部门,如松下公司、东芝公司、索尼公司成立设计部,丰田公司成立汽车设计部等。同时,一些独立的私人设计团体也大量出现,如日本GK设计集团。GK设计集团成立于1952年的东京,一群东京艺术大学的学生发现工业设计在第二次世界大战后日本的重要性,于是在学校里组织了工业设计学会,提倡"把日本的工艺文化转化成工业产品设计",于是命名为Group of Koike,简称GK。它涉及了产品设计、交通设计、环境设计、传达设计等多方面设计领域。这些设计团体工作的成功开展,提高了全民的设计艺术意识,致使在日本掀起了学习现代工业设计的热潮。1956年,包豪斯的创始人格罗皮乌斯来到日本讲学,并在东京国立现代美术馆举办了格罗皮乌斯和包豪斯作品展览,将包豪斯的现代主义设计思想带到了日本。1957年,日本通产省建立了"良好设计选择系统"以及优秀产品的证书"G级"标记等,用以保护好的设计和防止发明和专利被仿冒。随后日本通产省又发表了《时代的变化对设计政策的影响》一文,表明了政府在这个非常时期对设计的重视,并成立了日本GK(日本设计佳作奖)工业设计组织。这标志着以开发独创性商品为主要课题的时代开始了,这一制度对提高日本商品的国际竞争力做出了持久而有效的贡献。到了20世纪50年代后期,随着经济的进一步发展,日本设计师们意识到模仿美国式商业主义设计和德国式理性主义设计在国际市场上没有了竞争力,于是开始追求"日本风格"。日本发现北欧的斯堪的纳维亚的设计在世界上独树一帜,长期保持传统手工艺的瑞典、丹麦、芬兰等国家的设计在世界市场上深受好评,因此日本设计师试图以传统手工艺在国外市场上赢得胜利。正是在这种思想观念的指导下,在20世纪50年代后期的日本设计形成了传统与现代双轨并行的体制,传统和现代结合的结果形成了与众不同的设计风格——日本风格。传统设计面向国内市场,像陶瓷、传统工艺美术品(图4-101)、传统服装、建筑、茶道、花道走向日益精练的高度;作为面向国际的现代设计,在日本主要表现在汽车、家用电器、照相机、现代建筑和环境、平面、包装、展示等设计领域，它完全基于从外国，特别是从美国和欧洲学习的经验发展而成的。1958年，摩托车开始流行，本田株式会社是世界上最大的摩托车生产厂家之一，推出的"本田50"小型摩托车轻便、随意，深受消费者青睐（图4-102）。1959年，日本新型照相机推入国际市场，其他各种机械、家用品、家用电器等工业产品也迅速发展，促使日本的一些大公司重视产品的外形设计，纷纷成立自己的设计部门。通过"双轨制"使传统文化在现代社会中得以发扬光大，并产生了一些优秀的作品。如柳宗理设计的蝴蝶凳和大象凳（图4-103和图4-104），蝴蝶凳用两块弯曲成型的胶合板制作出有独特造型的蝶形凳，高水平地发挥了成型的优点，成为融合设计与技术的典范。两片木板，四颗螺钉，一根金属棒，特殊的弯板技术，加上宛如蝴蝶般的美丽曲线，造就了永恒的经典，被世人追捧。蝴蝶凳的高档就在于它的个性，它的风格，它的艺术性魅力。大象凳是世界上第一张一体成型的塑胶椅凳。大象凳温润的形体设计，是来自柳宗理双手的触感，同时有着稳重的安全使用感，更拜塑料材质所赐，成功创造了轻薄的空气感。这是东西方设计的融合，是日本居家思维与欧洲现代精神撞击的产物，把日本轻巧、省空间、易收纳等特点与欧洲流线型的设计风格和高品质生产要求做一个完美的整合。柳宗理被称为日本工业设计第一人，是第二次世界大战后日本的工业设计先驱。他生于1915年，于1936—1940年在东京艺术大学学习，1942年担任柯布西耶设计事务所派来日本参与改进产品设计工作的夏洛特·佩利安的助手。他的设计思想虽然受到包豪斯和柯布西耶的影响，但是他的设计作品仍然保持着浓厚的日本乡土文化。柳宗理的作品最令人倾心之处在于东方与西方、日本传统民艺与西方现代主义思维之间的完美交融。柳宗理个人极坚持以手进行设计，特别是家用器皿器具的部分，不绘制设计图，直接手工开始制作实物大小的石膏模型；花费长达一年到两年时间以上，真正从用出发，用手拿捏、抚握、思考、修正。他所设计的一套餐具是用半瓷器釉制成，半瓷器釉既有陶器又有瓷器的性质。独特的润滑感的彩釉，在烧制过程中对温度的控制要求很高，可以用微波炉加热，但不能直接在火上加热（图4-105）。

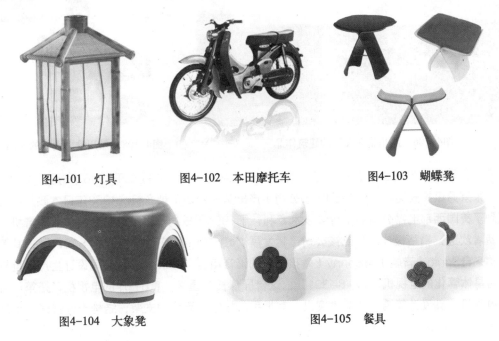

图4-101　灯具　　　　图4-102　本田摩托车　　　　图4-103　蝴蝶凳

图4-104　大象凳　　　　　　　图4-105　餐具

黑川雅之是世界著名的建筑与工业设计师，被誉为开创日本建筑和工业设计新时代的代表性人物。他成功地将东西方审美理念融为一体，形成优雅的艺术风格（图4-106）。著名的美国纽约现代艺术博物馆将他的作品列为重要馆藏物。他设计的作品主要有灯具、照相机、饰品、手表、工业产品等（图4-107和图4-108）。在1960年，日本成为"首次世界设计大会"的东道主。1961年，日本工业设计协会参加了在意大利威尼斯举行的世界工业设计协会联合会会议，这标志着日本的工业设计进入到国际的范围。

图4-107　黑川雅之设计的挂钟

图4-106　黑川雅之设计的建筑作品

图4-108　黑川雅之设计的作品

索尼公司是20世纪50年代日本工业设计飞速发展的缩影。它成立于1946年5月，当时被命名为"东京通讯株式会社"，1950年该公司生产出第一台磁带录音机。1953年日本政府出面，购买到了美国西部电器公司的半导体技术专利，于1955年成功推出了第一台晶体管收音机，受到消费者欢迎，销路极佳，从此该公司迅猛发展。1958年公司正式改名为"SONY"，其简洁的名称来自Sonic（音响）与Sonny（乖孩子）的谐音组合。1959年索尼公司设计生产了世界上第一台晶体管化的电视机"TV-8-301"，这台屏幕长20厘米、重6公斤的电视机，是第一台袖珍型电视机。其设计简洁，功能性突出，有把手、按钮、天线和支架，结构十分合理，受到设计界的关注和好评（图4-109）。索尼公司的设计部成立于1961年，它的黑色和银色的设计语言，提高了索尼公司的形象。1967年索尼发展了"特丽霓虹"映像管技术，这项技术使索尼电视在全球热卖了。

三、日本工业设计的发展时期

20世纪60—80年代，是日本工业设计重要的发展时期。工业设计概念逐渐深入人心，直接影响到了人民的日常生活，日本的三菱客车（图4-110）、本田汽车、索尼、三洋、松下的音响与录像设备，铃木、雅马哈的摩托车，日立、东芝的家用电器，奥林巴斯、玛米亚、雅西卡、理光照相机等，都是工业设计的优秀代表。在世界两次石油危机后，日本工业设计师推出节约能源、资源设计及产品的实用性和理性设计对工业结构的转型升级起到了很重要的作用。日本设计界提出了口号"小即是美"。同时由于技术的改进，电器的设计走向了"轻、薄、短、小"的多功能复合型的产品，SONY的随身听就在此时应运而生，畅销全世界。1973年，ICSID（国际工业设计联合会）在京都召开会议，这标志着日本工业设计的地

图4-109　第一台晶体管化的电视机

图4-110　三菱客车

位开始得到国际认可。1981年，由日本政府、大阪地方当局、商界和企业界合作成立了日本设计基金会，其目的是组织国际设计双年大赛和大阪设计节，使日本成为国际设计中心和国际交流中心。这一时期日本逐渐转变成为以重化工业及节能型高附加值的加工组装、技术密集型支柱产业为主体的工业生产结构，工业技术水平位居世界前列。"日本制造"誉满全球，许多工业产品占领着相当大的国际市场份额，由一个贸易小国发展成为世界上主要的贸易出口国，拥有了"世界工厂"的地位。可见，在日本经济发展的链条上，工业设计与出口成了经济增长的关键。日本的汽车产量在20世纪70年代后期达到了1 100万台，成为世界汽车产量第一的国家。20世纪80年代，日本工业设计得到进一步发展，大量长期依仗进口式样模仿、漠视设计的企业，开始不得不改变政策，发展自身的设计，不但发展设计变得日益重要，并且对于自己本身的设计定义、设计定位也显得越来越重视，比如丰田汽车公司在20世纪80年代初期已经有430个设计人员，对于设计的定义是"设计要协调人的需求和机械设备之间的关系"。丰田汽车公司了解到汽车的销售成功主要是因为价格合理、质量保证，而设计上的保守和落后已经是显而易见的问题了，因此不得不大幅度发展它的设计部门。又如夏普公司在20世纪80年代初期的设计原则是"方便使用第一"，因此，夏普公司雇用了200多个设计人员，要求他们努力设计出各种计算器，使不会使用的人也感觉他们可以非常容易地掌握，同时还要强调产品外形的目的是为了生活方便的特征。

四、日本工业设计进入世界一流发展水平

进入20世纪90年代，日本的工业设计进入世界一流发展水平。1989年，世界设计会议和设计博览会在日本召开，进一步开阔了日本设计师的视野。1993年，日本政府根据经济形势的变化再度发表了时代变化对设计政策的影响文章，要求设计师根据时代的变化调整设计理念和方向，为推动日本经济转型进行升级服务。日本设计师及时调整了设计观念，把国际上通行的设计理念如无障碍设计、绿色设计和通用设计概念运用到工业设计中去。如索尼公司推出的环保数码相机，通过数码产品本身的机械运动来获取电力。这款全新的数码相机采用了机械发电的原理，只需将这个手柄的圆环部位在桌子上不断地推动使其转动即可产生电力，而每转动15秒所产生的电力就可以拍摄一张照片。圆环的中空部位则是数码相机的取景器。出于省电的考虑，这款数码相机并没有配备液晶屏，因此必须要连接到计算机上才能够查看照片（图4-111）。

深泽直人是日本著名的产品设计师(图4-112)，也是家用电器和日用杂物设计品牌"±0"的创始人，他曾为多家知名公司诸如苹果、爱普生进行过品牌设计，其作品在欧洲和美国赢得过几十余项设计大奖。他的设计主张是用最少的元素（上下公差为±0）来展示产品的全部功能。

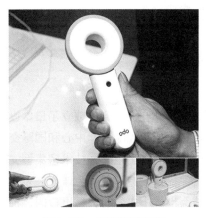

图4-111　环保数码相机

图4-112　深泽直人

作为日本工业设计的领军人物，深泽直人在吸收西方经典设计理论的基础上，也融入了日本传统文化的精髓，并把其应用到设计实践中，独创了"无意识设计"或"直觉设计"。他以受众的无意识行为作为灵感来源，让人们在无意识行为中实现产品的功能，即为通过有意识的设计，实现无意识的行为，给人有意味的享受。这是深泽直人首次提出的一种设计理念。深泽直人设计的产品能够在直觉层面传达物体的意义，并被人在无意中接受和理解，让人们体会到设计感的快乐和操作过程的惬意。其设计的代表作品有±0电水壶、CD播放器等。±0电水壶是一个小个头圆柱形简洁设计的电水壶，区别于市场上常见的大个头有点花哨的设计，为了使其看上去不像一个厨房用的产品，因为电水壶的便利，无论在厨房还是在客厅都可以使用（图4-113）。CD播放器酷似排风扇，其特别之处在于它的开关是一个拉绳。这种设计的目的更多考虑的是人们的怀旧心理，过去的电灯多为拉绳开关，许多人在小时候

都有过反复拉动拉绳让电灯不断地开闭的经历。而此时在拽动这款播放器的拉绳时，不再是灯光的明暗，而是以美妙音乐的响起代之，这种伴随着音乐的怀旧体验是非常美妙的（图4-114）。岛国特殊的地理环境也形成了日本民族复杂暧昧、琢磨不透的多重性格。日本的设计艺术既简朴，又繁复，既严肃又怪诞，既有楚楚动人温情的一面，又有张牙舞爪狰狞的一面。它常以一种东方传统的思维方式和感受力来表现作品的内容，有时它借助于鲜明的民族传统视觉符号，例如和服、茶道以及书法、绘画、民俗等饱含民族审美意味的图形，以典型的日本风格展现在世人面前；有时又在艺术的表现上不含任何的传统视觉符号，它超越了对传统视觉符号的表面形式关注，认为美也存在于非具象的事物中，将人对视觉的通常解读由表及里深入到心灵的感知，同时对传统的图案进行简化，以一种现代的思维方式从传统文化中提取出适用于当代的智慧。以传统的"空灵、虚无"的禅宗思想为基础，融合日本艺术特有的"清愁、冷艳"的浓郁色调，追求艺术中浮现的优美和冷艳的情感世界，其不仅丰富了设计的视觉语言也开阔了对设计的思考。日本的设计艺术以符合现代人的视觉习惯和一种超越东西方文化的姿态，去探索新的艺术设计发展方向，如安藤忠雄的建筑设计、五十岚威畅的产品设计、三宅一生的服装设计、佐藤晃一的平面设计，都可以让观赏者从其设计作品中感受到一种"静、虚、空灵"的禅宗境界。

图4-113　±0电水壶　　　　　　　图4-114　CD播放器

　　1953年前后日本开始发展自己的现代设计，到了20世纪80年代已经成为世界上最重要的设计大国之一，不但在日用品设计、包装设计、耐用消费产品设计方面达到国际一流水准，而且在汽车设计、电子产品设计这类需要高度技术背景和长期人才培养的复杂设计类别方面也达到了国际水平，使世界各国对日本设计另眼相看。日本能够在如此短暂的时间内取得这样显著的成就，一直都是设计理论界非常重视的课题。

第五章 后工业社会工业设计的发展

后工业社会是工业社会进一步发展的产物。从工业社会出发,可以将社会分成三种类型:前工业社会、工业社会和后工业社会。前工业社会的主要特征是生产力发展水平不高,机械化程度很低。工业社会的主要特征是大机器工业生产取代了以往的农业、手工业生产。后工业社会的主要特征是信息和知识、服务产业的不断发展。

在20世纪60年代,西方社会进入了后工业社会,各种文化矛盾纷纷暴露出来。随着哲学、美学、文学等艺术领域的反主流文化运动的兴起,设计领域也受其影响,投入到这场变革浪潮中来。与工业化大生产相适应的现代主义设计风格已不能适应时代的要求,后现代主义顺应而生,它的出现为工业设计提供新的设计风格——回归自然,追求多样性的和谐与统一。

第一节 波普风格

一、波普风格的发展与影响

波普风格又称流行风格,这个词来自英语里的"Popular",缩写为POP,即流行艺术、通俗艺术。20世纪50年代初萌发于英国,50年代中期鼎盛于美国。波普风格代表着20世纪60年代工业设计追求形式上的异化及娱乐化的表现主义倾向。

"波普"是一场广泛的艺术运动,反映了战后成长起来的青年一代的社会与文化价值观,他们对风格单调、冷漠、缺乏人情味的现代主义、国际主义设计表示反感,意图表现自我,追求标新立异的心理。1952年,一批英国的艺术家、设计师、评论家自发组成了一个"独立小组",通过对20世纪50年代初兴起的大众文化,尤其是美国大众消费文化,包括好莱坞电影、摇滚乐等的分析,认为设计师应了解大众对消费产品的舆论评价及不同口味,并将大众喜爱的、通俗的流行形式作为设计的合理来源。1956年,"独立小组"在伦敦举办了一个名为"这就是明天"的前锋艺术展。其中最具冲击力的作品是英国波普艺术代表作品：理查德·汉密尔顿的拼贴画，名为《是什么使今天的家庭如此不同，如此有魅力》（图5-1），这是波普艺术的最早标志。理查德·汉密尔顿的作品把20世纪50年代欧洲中产阶级追求的生活方式：美男美女、录音机、电视机、吸尘器、浪漫电影等，这些东西用图片拼贴的方式放在一起。

从设计上来说，波普风格混合了多种风格，它追求大众化的、通俗的趣味，反对现代主义自命不凡的清高。在设计中强调新奇与奇特，并大胆采用艳俗的色彩，总能给人眼前一亮的感觉。波普风格的特点可以从四个方面很好地诠释，帮助人们更好地认识波普风格。

图5-1　理查德·汉密尔顿的拼贴画

（1）明朗亮眼的艺术气质。它有着明朗的色彩，总能带给人一种幽默与快乐，它一直演绎着新一轮的时尚主题，为人们带来耳目一新的家居生活。

（2）新奇的搭配图案。开放的空间、浓烈的色彩烘托出欢快的氛围，单色与拼接图案的墙纸带来明快、热烈的视觉感受。当红、黄、蓝三原色强烈地吸引着人们的视线，并且人们也因此觉察出内心的惊讶和喜悦时，这样夸张而前卫的艺术形式，正在论断式地颠覆人们对于家居设计的传统构想。各种各样奇形怪状的造型、千奇百怪的质地、极度特别的图案设计不仅令所有的人眼前一亮，而且更重要的是治愈了"审美疲劳"。

（3）强烈的色彩对比。强烈的色彩对比中，白色的适当点缀平衡了空间的色彩关系，而柔和的面料让硬朗的房间多了一份舒适感。

（4）绚丽夸张的色彩。纯白色的棉质产品柔和了夸张的色彩，圆点、抽象图案、浓烈的色彩在大面积留白中平衡了繁复与简约两种气质。绚丽夸张的色彩、充满想象力的趣味图案、层次分明的各种色块，让平静的生活多了一份快乐。

英国的波普设计最早出现在服装行业，服装设计师首先对波普文化做出了回应。一些著名的服装店为年轻人提供了突出青春活力、花样活泼、样式开放、与他们的父辈完全不同的服装，这里很快成为年轻消费者经常光顾的场所。玛丽·奎恩特是该时期最具有影响力的时装设计师，她设计了具有波普风格的"迷你"裙。英国波普设计的家具也非常具有特色，完全打破了常规，摆脱了现代主义的束缚，强调灵活性与可消费性及产品寿命应该是短暂的。1964年英国设计师穆多什设计了一款"用后即弃"的儿童椅（图5-2），与此同时，纸质的耳环、手镯甚至纸质的服装也流行一时。同年，克拉克设计了一系列一次性的波普消费品，包括钟、杯盘、手套及小饰物等。波普风格主要体现在与年轻人有关的生活用品方面，如古怪家具等。1969年，阿兰·琼斯设计了一张桌子和一把椅子，其桌子由一个极为逼真的半裸女雕像跪着背负着玻璃桌面构成（图5-3）。这时候英国的波普设计走向了极端的形式主义。

图5-2 "用后即弃"的儿童椅

图5-3 阿兰·琼斯设计的人体雕塑家具

英国自从19世纪末轰轰烈烈的工艺美术运动以来,其工业设计一直落后于德国、美国等,在世界工业设计界默默无闻。但20世纪60年代源于英国的波普艺术却让英国设计重新站在了世界前卫设计的潮头,而影响到美国和意大利等欧洲国家的前卫设计是形成于20世纪60年代最具时代特征的风格——波普设计风格。

美国因为经济文化的繁荣迎来了消费时代,成为大众文化最发达的地区。这一时期,美国出现了"摇滚乐"为代表的新的文化热潮,各种流行文化充斥着市场,好莱坞电影、流行音乐、牛仔衣、汽车、摩托车、晶体管收音机以及广告、漫画、绘画构成了一个以大众消费文化为特征的喧闹的新时代特征。美国的这种大众消费文化成为波普艺术生根和成长的土壤。20世纪60年代中期,美国波普艺术震撼了整个艺术界,最具盛名的是安迪·沃霍尔,他的名字已成为波普艺术的代名词。在美国强势商业文化的背景下,安迪·沃霍尔的波普绘画《玛丽莲·梦露》(图5-4)以其独有的通俗化艺术品格和大众亲和力受到广泛的关注。他完全取消了艺术创作中的手工操作观念,直接用制版印刷的方法把照片形象移到画布上,画家以影星的头像作为画面的基本元素,一排排地重复排列,色彩简单、整齐。这反映出了后工业时代的特征,以直观的艺术形式代替了深奥的艺术。

意大利的设计向来很注重本国传统文化的继承,但对新思潮又表现出极其敏感的一面,受英国、美国的波普艺术和设计的影响,意大利很快出现了反主流的、激进主义设计的"波普风格"。意大利的设计师们异想天开的设计才华在波普运动中得到了淋漓尽致的发挥,产生了不少极具代表性的波普艺术的设计作品。1967年,保罗·罗马兹等人设计了一款由PVC塑料制成、可充气、透明的"充气"沙发(图5-5)。它是第一件批量生产的可膨胀式椅子,随即成为20世纪60年代大众文化的经典作品之一,它一反传统家具和正统现代家具追求高质量和天长地久的观念,以"用完扔掉,以新代旧"的设计态度表现一个短暂时代的心声。1968—1969年皮尔罗·加提等人设计了一个全新理念——无形软坐垫(图5-6),坐垫里面装满聚苯乙烯颗粒,可根据人体随意成型的"袋子"沙发,使用者可以选择多种不同姿势。1971年,保罗·罗马兹等人设计了一个以棒球手套为原型的沙发(图5-7)。此沙发一进入市场就深受青少年的欢迎,成为意大利波普家具中批量生产的经典作品,也是20世纪60—70年代波普文化的经典作品。1969年,盖·佩西设计了一款"UP"系列沙发,其体积被压缩至1/10大小,经过真空包装后可以轻松搬回家(图5-8)。

图5-4 波普绘画《玛丽莲·梦露》

图5-5 充气沙发

图5-6 "袋子"沙发

图5-7 棒球手套沙发

图5-8 "UP"系列沙发

波普风格主张艺术反映生活，把那些最常见、最流行、最为人熟知的物品搬进画面中来，并用最通俗、最平淡、最为人熟知的方式加以表现。波普设计风格的本质是形式主义，在一味追求新奇和感观刺激的冲动中，它违背了工业生产中的经济法则、人机工程学原理等工业设计基本法则，因而是昙花一现便稍纵即逝了。但它的影响是广泛的、深刻的，尤其是后现代主义那种叛逆的思想最初就是出现在波普艺术与设计中的。

虽然波普设计风格更多地表现在产品形式的多样化和趣味化上面，通过大胆、诙谐的造型与现代主义设计形成鲜明对比，但是波普设计风格并没有真正的反对现代设计思想。因此波普设计风格只是反对现代设计的一次大演练，它成为后现代设计思想声势浩大的前奏，酝酿着一次更大的设计运动的到来。

波普设计风格是一个形式主义的设计风潮，它产生的背景与战后日益形成的西方"丰裕社会"、青少年消费模式以及对现代主义设计和国际主义设计的反感有很大关系。波普设计非常强调产品表面视觉的装饰设计，而不仅仅注重结构、功能方面的结合，它致力于通过艺术设计让人们感受到生活的愉快，自然地表达出享受生活的快乐。正因为如此，波普设计的青春活力、花样繁多、色彩鲜明、丰富式样为人们的现实生活注入了新鲜的、有价值的东西。在现代设计中，人们更愿意去关注这种冲击力强、视觉效果好、明快活泼的设计作品，而且这种设计风格也为现代设计的商业化带来了更多的价值。

二、波普艺术风格在现代的表现

1. 波普艺术风格与现代平面设计

波普艺术风格在现代平面设计展示上贴近生活，它的绘画语言简单、直观、冲击力强，能更好地走进观者的内心取得共鸣。为了适应当时的消费群体，各种各样奇怪的产品造型、特殊的表面装饰、特殊的图案设计、反常规的设计观念都涌现出来，这对于现代平面设计具有极大的影响，传统美学认为的设计标准化、模式化，在波普艺术风格的冲击下变得越来越没有新意，从而无法抓住大家的眼球。取而代之的是日用品及廉价材料的应用、重复性的几何式布局、绚丽的色彩、夸张与幽默的造型等。首先，表现在题材与元素上。现代平面设计师们对题材的选择包括当代流行的商业性符号和文化性符号。巧妙地利用这些符号的视觉形象，有效表达流行文化中的传播热点。其次，体现在对于图像的处理观念以及手法上。挪用、复制、拼贴大大拓宽了现代平面作品的表现力，比如在某些唱片封套和海报的设计上，设计者在颜色和构图的选择上显得大胆而具有冒险性。

2. 波普艺术风格与现代服装设计

波普艺术风格表现在服装设计上是多种多样的。服装设计无论是在图案样式的创新方面还是在面料的发展更新上，都深刻地影响到了现代服装的变化发展。不少服装设计师和平面设计师都直接或间接地从波普艺术风格中获取灵感。波普图案取材广泛，生活中的许多题材都被作为原型用于服装图案上，色彩大胆艳丽。

3. 波普艺术风格与现代建筑

20世纪60年代，随着商品经济的高速发展，大众文化的广泛传播，人们已经不再满足于现代建筑的"千篇一律"，而是渴望个性和与众不同。波普艺术风格对建筑师及建筑思潮也产生了剧烈的影响。文丘里等人在现代主义建筑受到质疑时，把一些带有偶然性、拼凑而成的建筑设计出来，建筑设计领域出现了一股不讲究理性，只重视视觉冲击的设计潮流，称之为"波普建筑"。波普建筑以其通俗易懂的形象、浓厚的商业气息、诙谐幽默的语言等突出特点，同建筑师们把一些极其通俗易懂的元素运用到建筑中去，使建筑变得通俗易懂，打破了高雅建筑与低俗建筑的界限，向人们展示了一种全新的建筑形式。波普艺术风格表达乐观主义的情绪，建筑师将波普主义与现代主义结合，创造出更符合时代特色的建筑。波普艺术风格对现代建筑在思想上起到了解放的作用，在形式上提供了可供参考的新途径，从而提升了现代建筑的设计理念。

20世纪60年代的波普设计风格是后现代主义设计的先声，它提出了"打破常规""反对传统"的思想为后现代主义的思潮奠定了基础。从波普设计风格开始，设计师们开始了有别于现代主义的设计探索，打破了一味讲究功能主义的沉闷的现代主义风格，为设计师打开了新的设计思路，开创了设计的新局面，设计领域从此步入后现代主义时代。

第二节 后工业社会与后现代主义设计

1973年，美国社会学家丹尼尔·贝尔出版了《后工业社会的来临》一书，书中首次提出了"后工业社会"一词。它界定了战后20世纪60年代出现的一系列社会变革。从设计领域中观念变革的角度，可以归纳为以下几个方面：第一，由于科技进步，技术已经不构成设计中的难题，工业品被消费者要求具有文化品质，并且在人为环境中产生审美的情感效应；第二，第三产业的发展，使设计师不仅要求对实体物进行合理的设计，更要注重全社会的组织、秩序、文化活动的设计；第三，追求个性化和多元化的消费群体促使设计风格演变为时尚追求和形式化倾向；第四，宇宙空间的开发和航天技术的发展，技术的表现独立成为设计表现的主题；第五，化学工业的发展为设计领域提供了广泛采用的普及型材料；第六，智能型电子计算机的发展，为多样化、个性化、非标准化设计需求提供了有效的工具和手段；第七，现代艺术的发展促成了公众参与形式的出现。

一、后现代主义设计的产生

"后现代主义"是一个颇具争议的学术术语。后现代主义这一概念之所以引起争论，其中的一个原因是它开始的时间。在美国，这场争论开始时，最初指的是20世纪50年代出现的一些现象。"后现代主义"作为一种在历史过程中逐渐积累发展而来的术语，可追溯到英国画家查普曼，他在1870年前后提出"后现代绘画"用以指出比印象派更前卫的绘画。对这一概念的传播曾起到推动作用的英国历史学家汤因比在1947年出版的《历史研究》中也用到了"后现代主义"这个术语，指出后现代标示出西方文明史中的一个新的历史周期。而翁贝托·埃柯在他的小说《玫瑰的名字》的后记中声称，后现代的范畴最早产生于荷马时代，这一说法并非夸张。哈桑在20世纪50年代以赞许的态度节制地使用了这个词，指出"后现代主义是沉默文学的传统的一个因素"。"后现代主义"一词中的"后"一般是指现代之后的意思，后现代主义自然应归属于现代主义之后的一个时代。但也有人说这里的"后"是指现代主义的后期阶段，从而后现代主义仍然是现代主义的一种继续或变形。还有人认为它是指现代主义已经结束,新的时代尚未正式形成的某种"间歇""过渡时期"。另外还有一些学者提出后现代主义只是表示一种不同于现代主义的思维方式,而不是时间概念,因此同一时代的不同成果有的属于现代,有的属于后现代。

后现代并不是指时间上处于现代之后,而是针对艺术风格的发展演变而言的。后现代主义设计起源20世纪60年代,在20世纪70—80年代的建筑及设计界引起了轩然大波。20世纪中期以后,大部分发达资本主义国家已经完成工业化的任务,进入了"后工业社会"或称信息时代,也就是后现代的时期。这个时期的思想还不太稳定,一方面科学技术的进步带来了物质文明的极大丰富,取得了前所未有的物质成就,但这一切是以破坏人类的生存环境与和平理想为代价的;另一方面人们的自由和自主受到了压抑,激活了许多的艺术运动及风格运动。20世纪50年代现代主义日渐衰落,后现代主义思潮开始逐渐盛行。形式单调的产品已不能适应多元化市场的需求和商业竞争。后现代主义设计遂应运而生,其设计风格的总体特征是重视形式、强调装饰,企图把良好的功能、科学的结构和古希腊罗马样式、哥特样式以及巴洛克、洛可可或维多利亚等各种经典样式的装饰细节相结合,追求独特艺术韵味和个性设计,并面向不同的文化群体,从中汲取营养、激发创作灵感。同时受20世纪60年代大众文化的影响,后现代主义表现出对现代主义风格中纯理性主义倾向的批判。

后现代主义是现代主义、国际主义设计的一种装饰性的发展,其中心是反对密斯·凡·德罗的"少就是多"的减少主义风格,主张以装饰手法达到视觉上的丰富,提倡满足心理需求,而不仅仅是以单调的功能主义为中心。后现代主义对现代主义关于功能与形式的关系提出了质疑,而以形式多元化、模糊化、不规则化、非此非彼、亦此亦彼、此中有彼、彼中有此的设计文脉来代替现代主义设计中的理性主义、现实主义及功能的合理性与逻辑性,强调时空的统一性、延续性及人性化的主导作用。后现代主义设计追求的是以人为本的人本主义原则,一切以人的存在为中心。设计作为一种创造性活动,设计的不仅是物品,而且还是一种生活方式、文化观念。在很大程度上现代主义设计过于遵循功能决定形式的设计原则,严重忽视了人的情感和审美需要。同时也改变了设计的初衷:"设计是为人创造更合理的生活方式",致使现代主义设计走向衰落。在对于设计的核心问题上现代主义强调"合理性"而后现代主义则强调"合情性"。后现代主义把自己的理论建立在功能与形式融于一体的审美体系上,认为美是规律性与目的性的两者统一的自由形式,现代主义则强调前者,走向极端冷酷的客观派,使人的主观体验和感受遭到严重忽视。

后现代主义设计在风格上是富于装饰的,在精神上是感性主义的。在产品造型上,后现代主义设计往往在产品上添加某种具象的形象或具象与抽象相结合的形象,比如添加一只米老鼠或小鸟使产品具有装饰性。后现代主义设计高度强调装饰性,既将装饰作为实现风格化和审美效果的手段,也将其视为设计的目的。后现代主义设计善于通过多种手段,如汲取古典传统样式,或以具象的、符号象征的以及各种形式元素的使用等多种方式达成特定的装饰效果。在色彩的使用上,与现代主义设计主要使用黑、白、灰的中性色不同,后现代主义设计运用鲜艳亮丽的色彩,具有强烈的感观效果。

后现代主义设计的语言具有反功能至上、容纳多种内涵的丰富之美。"形式追随功能"

是现代主义设计功能主义理念的经典表述，它将实用功能视为设计本质的甚至唯一的目的，排斥甚至取消了产品功能本应包含的其他内涵，压抑了设计语言表达的自由生机与活力。现代主义设计将设计之美主要理解为一种功能美，即体现了产品的功能以及以功能为基础的产品内在结构。后现代主义设计以更加灵活多样的方式理解功能及产品的内涵，认为设计既可以是对实用功能的体现与表达，也可以完全侧重于对形式、审美的表达，对心理情感、社会文化等更广泛内涵的表达，它可以不突出甚至忽略实用功能。后现代主义设计对产品功能及内涵的理解体现了消费社会产品的非功能化趋向，产品被赋予种种含义，成为表达意义的物质载体，即鲍德里亚所说的消费社会中物品的符号化。此外，各种方式的处理使产品达到丰富多样的视觉目标与审美效果，并使这种视觉目标与审美效果在产品的内涵及价值中更具主导性，从而使产品成为某种形式表达的符号，也是消费社会的产品扩展自身内涵及价值的一个重要途径。

二、后现代主义建筑设计的特征

后现代主义建筑设计具有以下特征：

（1）注重人性化、自由化。后现代主义作为现代主义内部的逆动，是对现代主义的纯理性及功能主义，尤其是国际风格形式主义的反叛。后现代主义风格在设计中仍秉承设计以人为本的原则，强调人在技术中的主导地位，突出人机工程学原理在设计中的应用，注重设计的人性化、自由化。

（2）注重体现个性和文化内涵。后现代主义作为一种设计思潮，反对现代主义的苍白平庸及千篇一律，并以浪漫主义、个人主义作为哲学基础，推崇舒畅、自然、高雅的生活情趣，强调人性经验在设计中的主导作用，突出设计的文化内涵。

（3）注重历史文脉的延续性，并与现代技术相结合。后现代主义主张继承历史文化传统，强调设计的历史文脉，在世纪末怀旧思潮的影响下，后现代主义追求传统的典雅与现代的新颖相融合，创造出集传统与现代，融古典与时尚于一体的大众化设计。

（4）矛盾性、复杂性和多元化的统一。后现代主义以复杂性和矛盾性去洗刷现代主义的简洁性、单一性，采用非传统的混合、叠加等设计手段，以模棱两可的紧张感取代清晰感，在艺术风格上，主张多元化的统一。

后现代主义建筑设计的上述特征，是在一个历史过程中形成和表现出来的，并不是在所有的后现代主义建筑设计中都能充分地体现。一方面，正如我们前面所指出的，从现代主义受到质疑到否定，从后现代主义萌芽到最终确立，都有一个发展过程；另一方面，建筑作为一切艺术的综合，它不仅受到人们的思想观念的影响，而且还与现代科技特别是新材料、新技术的发展密切相关。

三、后现代建筑的分类

1. 戏谑的古典主义

戏谑的古典主义也可译为"嘲讽的古典主义"，也有人称之为"符号性古典主义"或"语义性古典主义"，是后现代主义中影响最大的一种类型，主要的后现代主义大师都在这个范围内。使用部分的古典主义建筑的形式和符号是其基本特征，而表现手法却具有折中的、戏谑的、嘲讽的特点。从设计的装饰动机来看，应该说这种风格与文艺复兴时期以来的人文主义有着密切联系。然而与传统的人文主义风格的不同点在于嘲讽的古典主义或者狭义的后现代主义建筑设计明确地通过设计表现现代主义和装饰主义之间的无可奈何的分离，而设计师除了冷嘲热讽地采用古典符号来传达某种人文主义的信息之外，对于现代主义、国际主义风格基本是无能为力的，因而充满了愤世嫉俗的冷嘲热讽、调侃、游戏、玩笑色彩。

2. 比喻的古典主义

比喻的古典主义其实也是狭义的后现代主义风格的一个类型。它基本采用传统风格作为构思，设计多半处于一半现代主义和一半传统风格之间。它与"戏谑的古典主义"的最大不同在于，这派设计师对于古典主义和历史传统具有严肃的尊敬态度，绝对不开玩笑。他们选取古典主义的比例、尺寸、某些符号作为发展的构思，因而具有比较严肃的面貌，从文化的角度来看，这派的作品更能为大众所接受。

3. 解构主义建筑

解构主义建筑，是一个从20世纪80年代晚期开始的后现代主义建筑思潮。它的特点是把整体破碎化（解构）。主要想法是对外观的处理，通过非线性或非欧几里得几何的设计，来形成建筑元素之间关系的变形与移位，譬如楼层和墙壁，或者结构和外廓。

四、后现代主义设计在建筑和产品方面的应用

后现代主义设计是当代西方设计思潮向多元化方向发展的一个新流派，它形成于美国，欧洲和日本也相继出现了这种设计倾向。后现代主义这一概念在设计领域首次被引用是由美国建筑评论家查尔斯·詹克斯在1976年提出的。在1969年，美国建筑家罗伯特·温图利在宾夕法尼亚州设计了自己的住宅"温图利住宅"（图5-9），掀起了建筑中的后现代主义思潮。他反对现代主义的核心内容，追求一种典雅的、富于装饰的折中主义的建筑形式，设计包含了大量清晰的古典主义单调的形式特征。后现代主义设计在建筑中主要有两种表现手法：一种是用传统建筑元件通过新的手法加以组合；另一种是将传统建筑元件与新的建筑元件相混合，最终求得设计语言的双重解码，多用夸张、变形、断裂、折射、叠加等手法，既让行家所欣赏，又让大众所喜爱。后现代主义建筑的代表作有查尔斯·穆尔设计的美国新奥尔良市意大利广场（图5-10）。广场在设计中吸收了附近一幢摩天大楼的黑白线条，将其变化为一圈由大而小的同心圆。穆尔还直接把意大利的地图搬到了广场设计中，广场中央的水池中有一个由卵石、板石和大理石砌成的岛屿，岛屿的形状很明显就是一副意大利地图。丹麦建筑师约恩·伍重设计的悉尼歌剧院的外观为三组巨大的壳片，好像是海上的船帆，又像是盛开的花朵，被视为悉尼的市标（图5-11）。建筑师埃罗·沙里宁设计了一座纽约环球航空公司候机楼（图5-12）。建筑的外形像展翅的大鸟，动势很强。屋顶由四块浇钢筋混凝土壳体组合而成，壳体只在几个点相连，空隙处布置天窗，楼内的空间富于变化，这是一个凭借现代技术把建筑同雕塑结合起来的作品。后现代主义的设计风格强调建筑的复杂性和矛盾性，反对简单化、模式化，讲求文脉，追求人情味，崇尚隐喻与象征的手法，大胆地运用装饰和色彩，

提倡多样化和多元化。1966年,美国建筑师罗伯特·文丘里出版了《建筑的复杂性和矛盾性》一书。文丘里在1960年与凯文·洛奇合作设计了美国费城退休老人公寓(图5-13)。该建筑使用了金色电视天线和文字招牌象征性的符号,文丘里解释说:"人民完全应该在他们的房屋上设计一些熟悉的标志作为装饰"。

图5-9　温图利在屋顶设计的图案

图5-10　新奥尔良意大利广场

图5-11　悉尼歌剧院

图5-12　纽约环球航空公司候机楼

图5-13　美国费城退休老人公寓

1977年,美国建筑师罗伯特·斯特恩对后现代主义进行了深入研究,发表了《现代主义运动之后》一文。他认为,所谓后现代主义,表示的是现代主义建筑的一个新的侧面,并非抛弃现代主义建筑。建筑要重返更"正常的"路径，究其根本，在于探讨一条比现代主义运动先驱者们所倡导的更有含蓄力的途径。在美国俄亥俄州建成的奥柏林学院爱伦美术馆扩建部分与旧馆相连，墙面的颜色、图案与原有建筑有所呼应。在一转角处，安置着一根变了形的爱奥尼式柱子，短粗矮胖，滑稽可笑，因此得到了一个绰号"米老鼠爱奥尼"（图5-14）。后现代主义在建筑设计上大量运用了各种的历史装饰符号，但又不是简单的复古，所采取的是折中的手法，把传统的文化脉络与现代设计结合起来，开创了装饰艺术的新阶段。美国最重要的设计理论家、当代建筑设计师约翰逊先后经历了两次重要的现代设计运动，他是最早把欧洲的现代主义介绍到美国的人物之一。他设计的美国电报电话公司大厦（图5-15），成为后现代主义的代表作之一。他代表了后现代主义设计中比较讲究保持古典主义精华完整性的一派。日本建筑大师矶崎新是后现代主义的重要代表人物。他的设计极具个人特点，其建筑作品游离在现代主义与古典主义之间，既有现代主义的理性，又具古典主义的装饰色彩（图5-16）。迈克·格利夫斯在1982年设计了一幢俄勒冈州的公益服务大厦，其立方体的造型体现出古典的单纯，格子状的小窗与建筑物的庞大规模形成了强烈的对比，使建筑物富有一种夸张的膨胀感。中间的竖条把建筑物分开，一对巨大的褐红色壁柱与两边小窗的白色墙面形成对照，为感觉虚幻的建筑物起到了强有力的支撑作用（图5-17）。

图5-14 "米老鼠爱奥尼"柱式结构

图5-15 美国电报电话公司大厦

图5-16 中央美术学院美术馆

图5-17 俄勒冈州的公益服务大厦

后现代主义由建筑艺术方面的兴起和壮大，逐渐扩展和影响到其他设计领域，尤其是产品设计领域。后现代主义的影响在产品设计上没有在建筑设计上广泛，但是由于对现代主义的改良和改革，也产生了一些设计师，他们反对设计中的国际主义、极少主义风格，主张以装饰手法达到视觉上的审美愉悦，注重消费者心理的满足。文丘里设计的曲木椅子系列是由多层胶合板经层压定型后制成，板上除了印有各种装饰图案外，椅背又以镂空切割的制作工艺塑造了各式各样的形象，而每一种形象又与一定的历史样式相关联（图5-18）。格雷夫斯为意大利公司设计了一套不锈钢壶具，并以其中的"自鸣式"水壶设计而著称。当蒸汽通过壶嘴上的塑料制品即一个形象生动的鸟形嘴盖时，小鸟就会自动发出鸣哨声。因水壶逗人喜爱的造型设计，使它投放市场后很快受到中产阶级的青睐，成为20世纪80年代最畅销的礼品之一（图5-19）。美国后现代建筑师泰格曼设计的"面对面"双人躺椅，其曲线造型源自人体的联想，表现出拟人化的手法，体现出泰格曼的浪漫主义情怀。霍莱因设计的"玛丽莲·梦露"沙发，其设计灵感来自欧洲古典家具中的"长椅"式样和美国明星玛丽莲·梦露的身材曲线。沙发以柔美的造型、典雅的色彩及精致的装饰处理，成为后现代主义家具设计的代表作品（图5-20）。

图5-18 文丘里设计的曲木椅子系列

图5-19 格雷夫斯设计的不锈钢壶具

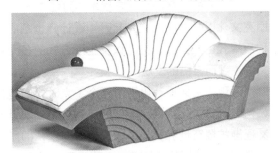

图5-20 玛丽莲·梦露沙发

后现代主义产品设计自从诞生那时起，就以其新奇、夸张、混杂和特立独行的表现手法给世界产品设计带来了强烈的视觉冲击。其产品的特点有以下几点：①在新奇、醒目或夸张的设计手法中，部分仍混用传统设计规则；②缤纷而耀眼的色彩搭配；③塑料材质的大量应用，整体质感给人以平板、光滑之感；④设计上取用的象征意义超乎传统范畴，多元化的符号运用使设计更自由自在，甚至有些戏谑的成分；⑤通过通俗的造型语言拉近生活与艺术的距离。

后现代主义对于平面设计也产生了影响。20世纪80年代，由于科技的创新进步，计算机逐渐成为平面设计的主要工具。后现代主义设计师开始致力于挖掘计算机的潜能，开发蕴藏于新媒体中的设计语言，重新思索设计的价值取向，平面设计中的后现代主义倾向终于演变为一种时代潮流，对僵化的现代主义设计规则进行了解构。例如，极度压缩或者扩大字符的间距，无拘无束地设定栏宽，频繁地运用不同字体与字号，用线条不厌其烦地分割字符，反常规甚至反功能的文案布置等。

在后现代主义出现的这么多年间，它始终伴随着人类社会的进步而共同发展。它呈现给世人的是一派新气象，从一开始后现代主义就想突破审美规范，打破艺术与生活的界限。它主张多元化和承认多中心并关注少数民族及边远地区的艺术形式，从传统艺术、现代艺术的形态范畴转向了方法论，表达多种思维方式。同时它又是矛盾的集合体，多种价值互相纠葛，后现代艺术家甚至常常自我否定或相互否定。但可以肯定的是后现代主义还是具有时代精神的，它出现的时间不长却展现出了蓬勃生机。

第三节 后现代主义设计理念及运动（意大利反主流设计）

一、后现代主义设计理念的表现

后现代主义设计是随意的、不拘一格的，虽然它可以成为反现代主义设计而且它的叛逆代表了时代的特色，但是它的挑战都处在设计的风格和形式上，而没有能够涉及现代主义的思想核心。它缺乏明确的艺术形态宗旨而成为一种文化上的自由放任的设计风格，其薄弱的思想性和形式主义的性格特征使它根本不可能取代现代主义设计。当20世纪60—70年代的波普风格、朋克文化以及女性主义兴起时，设计师也顺应这群新人类标新立异的生活方式而大胆地进行各种后现代主义尝试，文化以及生活方式的多元化，新材料、新技术的出现，使设计突破功能主义的束缚而自由的发展。

后现代主义设计源于对两个重大时代问题的思考：设计如何与传统展开对话；艺术及设计如何与消费文化共处。这两个问题在第二次世界大战结束以后率先出现在欧美发达国家，其后又逐渐扩散至世界其他国家成为新问题，即所谓后现代问题。后现代主义设计理念的提出就是为了解决这些后现代问题，主要表现在以下几个方面：

（1）反对设计形式单一化，主张设计形式多样化。以适应不同阶层、不同口味的消费需求，这与现代主义所追求的与工业社会的标准化、专业化、同步化、集中化等高效率、高技术原则相一致的做法是有明显区别的。

（2）关注人性，反对理性主义。现代主义强调功能、结构的合理性与逻辑性，强调理性主义，而后现代主义则认为，设计并不只是解决功能问题，还应该考虑到人的情感问题，设计中倾向于幽默，满足人性的本能需要。"功能"已不再被视为产品设计的第一要素，主张以"游戏的心态"来处理作品，希望通过通俗化的设计将轻松愉快带入日常生活。

（3）强调形态的隐喻、符号和文化的历史，注重产品的人文含义，主张新旧结合、兼容并蓄。后现代主义设计大量创造性地运用符号语言，按照产品的实际功能和人们的生理、心理以及社会历史的文脉相联系，对产品进行解构、组合和调整，创造了许多丰富、复杂、多元的产品形态。

（4）关注设计作品与环境的关系，认识到设计的后果与社会的可持续发展紧密联系在一起。在后现代主义设计者看来，设计的人性化、幽默化和自由化的最终持续实现，是与产品的使用环境和人类的生存环境息息相关的，任何设计必须适应环境，而不能改变环境，所以绿色环保设计被后现代主义设计者视为最基本的法则之一。

二、后现代主义设计理念在设计中的运用

后现代主义并没有严格的定义，其中包括了各种不同的甚至是截然相反的观念、流派、风格特征。从形式上讲，后现代主义是一种源于现代主义但又反叛现代主义的思潮，它与现代主义之间是一种既继承又反叛的关系；从内容上讲，后现代主义是源于工业文明，又对工业文明的负面效应的思考与回答，是对现代主义后期出现的单调、缺乏人情味的理性而冷酷的面貌的批判与解构。后现代主义运动在意大利展开的反主流设计既不同于美国设计，也不同于北欧设计。意大利设计的一个重要特点是掌握"舒适程度"，即把艺术和功能结合得十分紧密。其设计师们更倾向于把现代设计作为一种艺术和文化来操作，既注重紧随潮流，又重视民族特征。意大利的后现代主义设计更多地把设计当成文化和艺术来处理，当成哲学来思索、品味，当作符号来表达。

后现代主义风潮尽管在20世纪60年代就已兴起，但是在70年代后期意大利出现了两个设计集团——阿基米亚设计集团和孟菲斯设计集团，才引发了引人注目的设计活动，使后现代主义设计达到了高潮。因此意大利开始引导世界设计新潮流，到了70年代独具特色的意大利设计甚至已逐渐取代了斯堪的纳维亚之风，成为世界设计一个非常流行的风格。受到国际后现代主义运动的影响，意大利展开了反主流、激进的设计运动。所谓反主流设计就是反对意大利的正统设计，所代表的是青年一代的波普风格、传统风格。

阿基米亚设计集团是由设计师阿德里安·格历日罗、亚历山大·格里日罗、布鲁诺·格里高利和乔治·格里高利于1976年在米兰共同创办的前卫设计组织。这个组织与意大利两个著名的设计大师——艾托·索特萨斯和亚历山大罗·门蒂利合作，成为世界知名的激进组织之一。阿基米亚设计集团开设了陈列室举办展览，其目的就在于对抗现代主义的理性设计方法，推崇流行主义。

后来索特萨斯离开了阿基米亚设计集团，自己创办了另外一个前卫设计集团"孟菲斯"，在20世纪80年代成了世界最著名的激进设计集团。孟菲斯设计集团成立于1980年，由著名的设计师索特萨斯和七名年轻的设计师组成。索特萨斯（图5-21）是当今世界最具影响力的设计师之一，众多建筑及日常用品的杰出设计都出自这位巨匠手笔。1969年，他为奥利维蒂公司设计的"情人"便携打字机（图5-22）风靡一时，"红"成为经典，被纽约现代艺术博物馆纳为永久藏品。索特萨斯在1981年设计的一个奇形怪状的书架使用了塑料贴面材料，颜色鲜艳，很像一个抽象的雕塑品（图5-23）。在1981年设计的台灯像一只有着长长的黄色脖子和四四方方的红色喙的热带鸟类（图5-24）。他所设计的博古架，色彩艳丽，造型古怪，看上去像一个机器人（图5-25）。索特萨斯认为，设计就是设计一种生活方式，因而设计没有确定性，只有可能性，没有永恒，只有瞬间。而他自己的设计目的就是"要使设计有更广阔的交流领域，意义更

加深刻，设计语言具有更大的灵活性，而且也要使人们更进一步意识到自己对家庭生活和社会生活所担负的责任"。

图5-21　索特萨斯

图5-22　"情人"便携打字机

图5-23　书架

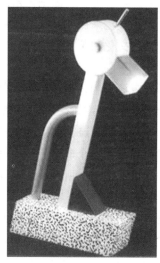

图5-24　台灯

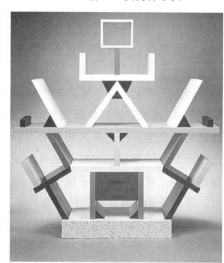

图5-25　博古架

孟菲斯设计集团的设计尽力去表现各种富于个性的文化意义，表达了从天真、滑稽直到怪诞离奇的不同情趣，同时也形成了一系列关于材料、装饰和色彩的独特观念。孟菲斯设计集团的设计师设计的家具（图5-26）、用品材料大多是纤维、塑料一类。其色彩常采用一些明快、风趣、彩度高的明亮色调，打破常规的配色形式，不分主调色和背景色且并置不同色块，使色彩相互干扰产生颤动，从而造成一种愉快、诙谐的效果。在装饰方面既有生硬粗糙的，又有柔和淡雅的；既表现古典风味，又存在科幻味道。

孟菲斯设计集团设计的作品甚多，可谓五花八门。年轻设计师马都顿作为孟菲斯设计集团的重要成员，其设计作品滑稽幽默，但做工严谨、精致。他设计的一系列名为"裸鸟"的水壶（图5-27），将鸟的造型与建筑结构造型巧妙结合，生动而有趣，给人想象而令人愉快，形成了所谓"微型建筑式样"的风格。设计师马丁·伯顿在1981年设计的"超级"灯，以半圆形作为灯的外形轮廓，配以六种颜色的圆筒形灯插口，让人联想到太阳发出的多彩光芒（图

5-28)。彼特·歇尔于1981年设计的"巴西桌子",简直就像用彩色三角积木板搭成的玩具,色彩艳丽,造型奇特,有一种极端的临时感和不稳定感,已失去了传统家具观念的特征。虽然孟菲斯设计集团的设计一般作为博物馆的藏品,但他们的思想却已渗透到很多的设计领域中,并在平面设计和产品设计方面开创了一种国际性的新风格。孟菲斯设计集团引发了20世纪80年代备受瞩目的后现代主义设计,至今仍是各大设计师竞相效仿的榜样。

图5-26 沙发

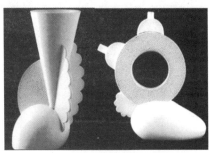
图5-27 "裸鸟"水壶

图5-28 "超级"灯

第六章 多元化设计风格与流派

工业设计从1919年诞生到20世纪60年代左右基本上是现代主义设计风格主导的时期，中间虽几经演变，如艺术装饰风格、流线型风格、斯堪的纳维亚风格等，但其主要特征是理性的功能主义，即产品设计以实用主义为主，是一种反装饰的、抽象的、一元的简约主义风格。现代主义虽仍在不断地发展、完善，但它在设计界的一统天下已被打破，而形形色色的设计风格和流派此起彼伏，令人目不暇接。

第一节 新现代主义

进入20世纪60年代，在一些国家和地区出现了一种复兴20世纪20—30年代的现代主义、追求几何形式构图和机器风格的"新现代主义"设计风格。与后现代主义对于现代主义的冷嘲热讽相反，新现代主义风格泛指对于现代主义进行重新研究和探索发展的设计风格，新现代主义坚持现代主义的传统和原则，根据现代主义的基本词汇进行设计的同时，加入了新的象征意义。因此，新现代主义风格既具有现代主义严谨的功能主义和理性主义特征，又具有独特的个人表现和象征特征。

新现代主义探讨的重点在于如何把产品功能、生理学、心理学、人机工程学、材料科学、显示技术、微型处理技术等统一起来，从而获得良好的功能和完美的形式效果。它强调对设计的理性分析，体现出一种"无名性"的设计特征。新现代主义设计一般表现为规整、朴素的造型，紧凑的结构，外观细节减少到最低限度，在操作和显示的设计上也尽量减少信息密度，没有任何夸张的成分。

新现代主义的兴起与经济发展密切相关，20世纪50年代，当代主义在居家环境中体现出来的非正规化、人情味、轻巧、灵活等特点已不适于商业办公的要求，从而促成了新现代主义的兴盛。20世纪60年代商业机构和办公室剧增，对工业设计产品需求量增大，如家具、室内装饰、办公用品等。对这些场合来说，有必要体现出商业界的秩序与效率，因此设计应有冷漠、正规、中性的外观特征。

从新现代主义风格的设计作品来看，它仍以理性主义、功能主义、极少主义为设计原则，但由于有象征主义和个人表现因素的加入，其设计有着现代主义简洁明快的特征而又不至于如现代主义那样单调而冷漠；有着后现代主义那样活泼的特色，而又不像后现代主义那样漫不经心，带着冷嘲热讽般的调侃，而是严肃中见活泼、变化中有严谨。

新现代主义的设计风格最早在英国流行，它在家具设计中喜欢采用镀铬钢管，在形态上强调机械化与几何化，这与包豪斯有相似之处。在家具设计方面，OMK是新现代主义的典型代表。OMK是1966年成立的一个由青年设计师组成的事务所，他们在家具和室内设计中广泛使用钢管和其他工业材料，突出体现金属材料的冷漠感（图6-1和图6-2）。在欧美其他国家，新现代主义也一度流行，如丹麦设计师克雅霍尔姆（Poul Kjaerhlom）设计的PK22钢片椅（图6-3）就显得稳重而严谨。1966年，在意大利佛罗伦萨成立的设计组织阿基佐姆也积极推进新现代主义，如1969年阿基佐姆设计的"米斯"椅（图6-4），使用镀铬方钢、橡胶板等工业材料及尖锐的三角形造型，以一种幽默的手法来模仿密斯的巴塞罗那椅，把新现代主义的设计表现推向了极致。

图6-1　OMK设计的可叠放椅

图6-2　OMK设计的圆桌和可叠放椅

图6-3　克雅霍尔姆设计的PK22钢片椅

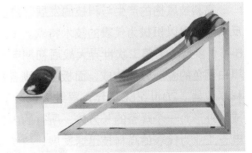

图6-4　阿基佐姆设计的"米斯"椅

在建筑表现设计中，美籍华人贝聿铭于1989年设计的罗浮宫入口——"水晶金字塔"（图6-5），其建筑没有烦琐的装饰，从结构和细节上都遵循了功能主义和理性主义的基本原则，不仅满足了作为入口和采光设施的功能需求，而且充分体现了历史、文化的象征意义，是新现代主义设计的经典之作。

图6-5　卢浮宫"水晶金字塔"

第二节　高科技风格

一些建筑师和设计师认为，现代科学技术突飞猛进，尖端技术不断进入人类的生活空间，应当树立一种与高科技相应的设计美学，高科技风格就是在这种历史背景下产生的。高科技风格从建筑设计开始，并对工业设计产生了重大影响。高科技风格是1978年由祖安·克朗（Joan Kron）和苏珊·斯莱辛（Susan Slesin）两人的专著《高科技》中率先出现的一个专业术语。这个术语的基本含义有两个方面：一是强调工业技术的风格特征；二是强调设计的高品位性，从而把设计对象从平民百姓中游离出来。高科技风格把工业环境的技术特征引入建筑空间设计和家庭产品设计上，运用精细的技术结构、讲究的现代工业材料以及精良的现代工业加工技术，达到具有工业化象征性的特点，以产生精致、严谨、和谐的"高品位"之美。其表现手法是把现代主义设计中的技术因素提炼出来，加以夸张处理，通过赋予设计中的工业结构、工业构造和机械部件的美学价值和意义，使其形成具有象征性的符号效果。

高科技风格的产生与科技的发展、进步是分不开的。20世纪20—30年代出现的机器美学，反映了当时以机械为代表的技术特点。罗维于20世纪40年代末设计的哈力克拉福特收音机（图6-6）就反映了第二次世界大战后初期电子产品模仿军用通信机器的风格趋势。该产品采用了黑白两色的金属外壳构成，面板上布满各种旋钮、控制键和非常精确的显示仪表，俨然是一件科学仪器。20世纪50年代，罗维又设计了一台收音机，该产品由黑色基座和透明塑料外壳构成，外形为一个规整的长方体，所有的内部元件都清晰可见（图6-7）。20世纪50年代末，以电子工业为代表的高科技迅速发展，科学技术的进步不仅影响了整个社会生产的发展，还强烈地影响了人们的思想。

意大利建筑设计师伦佐·皮亚诺和英国建筑家里查·罗杰斯设计的法国巴黎蓬皮杜国家艺术与文化中心（图6-8）和1986年设计的位于伦敦的劳埃德保险公司大厦（图6-9）是高科技风格建筑的典型代表。蓬皮杜国家艺术与文化中心不仅直率地表现了结构，而且连设备也全部暴露出来，其入口、管道设备完全地暴露在建筑的表皮之上，犹如一个皮开肉绽、伤可及骨的人。根据不同功能分别涂上红、黄、蓝、绿、白等颜色，如红色的为交通通道，绿色的为供水系统，蓝色的为空调系统，黄色的为供电系统等。建筑内部是48米无支撑的自由空间，为艺术展览和表演提供了良好的环境条件。蓬皮杜国家艺术与文化中心经常举办各种工业设计展览，并陈列一些设计作品，这些展品陈列和建筑本身都对工业设计产生了巨大影响。自1979年至1986年，罗杰斯耗费了很长时间才完成了劳埃德保险公司大厦的设计。在这个设计上，罗杰斯更加夸张地使用了高科技特征，不断暴露结构，大量使用不锈钢、铝材和其他合金材料构件，使整个建筑闪闪发光。这个像科学幻想一般的建筑，比蓬皮杜国家艺术与文化中心更夸张、更突出，也使得高技派风格更为成熟。

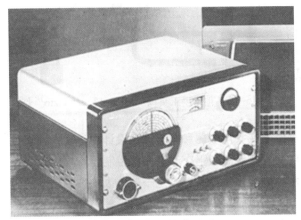

图6-6　哈力克拉福特收音机

图6-7　收音机

图6-8　蓬皮杜国家艺术与文化中心　　　　图6-9　劳埃德保险公司大厦

受建筑领域高科技风格的影响，一些设计师在家具、产品及室内设计中采用了最新材料，尤其是高强钢、硬铝或合金材料，以夸张、暴露的手法塑造产品形象，常常将产品内部的部件、机械组织暴露出来，有时又将复杂的部件涂上鲜艳的色彩以表现高科技风格的"机械美""时代美""精确美"。这样的设计使钢板、金属支架和机械部件纷纷进入了居家环境和公共场所，如美国纽约莫萨设计小组设计的高架床，由铝合金管及连接件组合而成，看上去有点像建筑工地的脚手架（图6-10）。又如马里奥·博塔设计的金属椅（图6-11），设计中强调技术和结构，充分展示了高科技风格。法国设计师伯提耶设计的儿童手工桌椅则采用了粗壮的钢管结构，并装上了拖拉机用的坐垫，具有高度工业化的特色（图6-12）。意大利设计师理查德·萨帕在1972年设计的"Tizio"灯具则以冷静的色彩、"高科技"的造型语言呈现出一种理性、优雅的气质面貌，成为20世纪70—80年代经典设计的产品之一，并于1979年获得"金圆规"奖（图6-13）。

图6-10　高架床　　　图6-11　金属椅　　　图6-12　儿童手工桌椅　　　图6-13　"Tizio"灯具

高科技风格作为一种新的设计风格和审美价值在家用电器和电子产品设计中体现，在造型上多采用方块和直线，色彩多采用黑色和白色，其控制面板上密布繁多的控制键和显示仪表，这样就使家电产品看上去像一台高度专业化水平的科技仪器，以满足一部分人向往高技术的心理。1975年，由英国PA设计事务所设计的"SM 2000"型直接驱动电唱机是一件"高科技"风格的家电产品，所有零部件都直接地暴露在外，有机玻璃盖子还特别强调了唱臂的运动（图6-14）。1980年，德国普法夫公司推出了一种带微处理器的全电动缝纫机，为了体现先进的电子技术，机身上装置了大量的控制按钮，很像电子计算机的键盘（图6-15）。

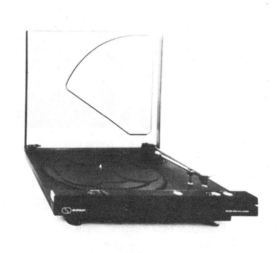
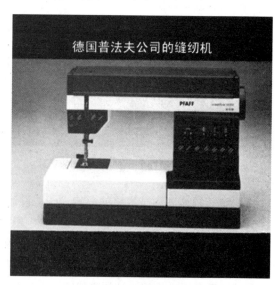

图6-14　"SM 2000"型直接驱动电唱机　　　图6-15　全电动缝纫机

高科技风格在20世纪60—70年代曾风行一时，并一直持续到20世纪80年代初，但是高科技风格由于过于强调工业化的机械特征，把装饰压到了最低限度，产品显得冷漠和缺乏人情味，在20世纪80年代初逐渐趋向衰落。之后，部分设计师出于针对高科技风格的厌恶和反思，提出了另外一种风格——过渡高科技风格。这种看似冰冷的机械美学，在21世纪的今天，则被赋予了更多人性化的光环，将情感注入空间，用技术来装点生活。

第三节　过渡高科技风格

过渡高科技风格也称"改良高科技"风格，是对高科技风格的一种叛逆、冷嘲热讽与反思性的设计风格。过渡高科技风格认为高科技风格过于强调科技在设计中的作用，而忽略了人的自身存在，因而在高科技风格的设计基础上采用冷嘲热讽、调侃、戏谑等手法，通过一些不合逻辑或荒诞不经的细节处理，表现了设计师对于高技术、工业化的厌恶与困惑，设计作品呈现更高的个人表现特点。

在工业产品设计方面，过渡高科技风格代表作品有：1983年，由杰拉尔德·库别斯（Gerald Kuipers）设计的桌子，由金属桌子框架、加上厚玻璃台面构成的高科技风格结构。但是在桌子台面下却夹了一块带瑕疵的大理石，对于严肃的整体设计来说，充满了莫名其妙的象征意味，在极端不协调中带有看似漫不经心的调侃意味。1985年，由朗·阿拉德（Ron Arad）设计的"混凝土"音响组合，在其设计中整体造型与结构大都以混凝土构成，无论是音箱还是唱盘底座都以混凝土构成，粗糙异常，暴露的铁丝与精细的音响材料形成鲜明的对比，在荒诞不经的设计中，表现出设计师对高科技和机械化的嘲讽（图6-16）。1987年，由盖特诺·佩斯（Gaetano Pesce）设计的茶几桌采用钢铁结构，具有明确的高科技风格，然而钢铁的桌面四边却破烂不堪、参差不齐，露出底下的钢丝结构，像被破坏的半成品一样，令人匪夷所思（图6-17）。

图6-16　"混凝土"音响组合

图6-17　茶几桌

过渡高科技风格对人与设计作品的关系做了有益的探索，设计角度向人这个中心靠拢，同时对人类的生活目的与生活方式通过批判的设计做了反思，对于以后的设计风格演变及其现代工业设计产生了积极影响。实质上，过渡高科技风格所带有的讽刺特征，是朋克文化和霓虹灯文化的体现。只是它的设计风格更具有个性化、艺术化，带有更多的表现色彩，由于作品带有前卫和激进的特性，往往只针对个人或小批量生产，所以很难得到消费者的广泛认可。

第四节　简约主义风格

简约主义风格是20世纪80年代开始兴盛的设计风格。其特征是一种美学上追求极其简单的设计，少到不能再少的风格。简约主义风格受到密斯"少就是多"的设计思想影响，特别是在现代主义、国际主义、形式主义化以后思想的深刻影响而发展起来的。

简约主义风格的大量家具设计，基本上都是黑色的、没有任何装饰的，虽然在造型上简约到几乎无以复加，但是却很注重典雅的几何造型，因此达到简单但是丰富的效果，是20世纪80年代非常流行的新风格。

其代表性的设计团体是1984年在意大利米兰成立的"宙斯"设计集团，"宙斯"设计集团涉足家具、时装、平面设计等广泛领域，设计出的大量作品都具有比较统一的简约主义风格，引起了国际设计界的注意。

简约主义风格最重要的代表人物是法国设计师菲利普·斯塔克（Philippe Starck）。他1949年出生于巴黎，曾接受过室内设计教育；1969年任著名的皮尔·卡丹事务所的艺术指导；1979年在巴黎开办了自己的设计公司。斯塔克的设计领域十分宽广，在20世纪60年代末他曾设计出数十种家具。20世纪70年代他以室内设计闻名巴黎，独立承担了一系列室内设计项目。

1982年，他与人合作完成了香榭丽舍总统私人住宅的室内改建工程，1984年又完成了巴黎著名的Costes餐厅的室内设计，这两个项目更是为他带来了极大的国际声誉，并使他随后承担了美国、西班牙、日本、中国香港等地的大型室内设计项目。为了与自己的室内设计和谐配套，斯塔克设计了大量家具、灯具、餐具、花瓶以及门把手等，如他于1988年设计的台灯（图6-18）是一件镀铬钢质底座上的兽角状产品，整体呈金属质感，后部稍稍翘起，当发出光线时给人以一种奇妙的特殊感觉。他设计的椅子（图6-19）采用了仿生手法，把简约主义风格推向了极致。

图6-18　斯塔克和他设计的台灯

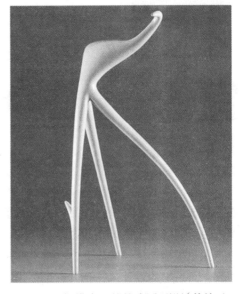

图6-19　斯塔克以仙鹤为原型设计的椅子

比较重要的简约主义风格设计人物还有毛里佐·佩里加利、罗伯托·玛卡蒂、文森佐·贾维科利、玛利亚·路易莎·罗西、日本设计师仓俣史朗等,其中毛里佐·佩里加利是宙斯集团的领导,他用自己的诺托公司（Noto）来生产宙斯集团的设计产品,因而支持了这个简约主义集团的发展（图6-20和图6-21）。

图6-20　玻璃椅　　　　　　　　　　　图6-21　沙发

从本质上讲,简约主义风格是从现代主义风格中派生出来的设计风格,但是,它与现代主义风格又有明显的区别。它具有现代人所喜欢的简洁、精细、现代的风格特征,也迎合了现代人高节奏生活所追求的求简、求精、求快捷的心理特点。但容易走向形式主义的极端,而导致只讲形式不顾功能的"为简而简"的设计倾向。

第五节　微建筑风格

微建筑风格是后现代主义在产品设计上的一个分支,是后现代主义建筑理念、风格和设计语言在产品设计方面的运用,如茶具、玻璃器皿、文具、刀叉具、陶瓷器、灯具、钟表、首饰等,大部分都是由后现代主义的建筑师设计的。

微建筑风格是装饰主义的一个比较极端化的发展,经常采用金、银等华贵的材料,同时以艳丽的色彩和几何图案做装饰,这种风格的产品看起来很像20世纪20年代的"装饰艺术"运动风格。迈克·格雷夫斯（Michael Graves）和斯坦利·提格曼（Stanley Tigerman)在1979—1983年设计的咖啡壶（图6-22）,建筑影子一目了然；美国建筑师迈克·格雷夫斯在1981年设计的梳妆台是一件典型的"微建筑"风格作品,将新古典的庄重与"艺术装饰"风格的豪华结合起来,产生一种好莱坞式的梦幻情调,虽然仍然具有梳妆台的功能,但是装饰性的尖顶造型和灯泡使它超出实用需要,而仅具有审美观赏功能（图6-23）。1979—1983年,汉斯·霍莱茵（Hans Hollein）和查尔斯·詹克斯（Charles Jencks）设计了另外两组咖啡壶（图6-24）。1986—1988年,意大利著名建筑师阿道·罗西（Aldo Rossi）为阿莱西公司设计了一些微建筑风格的"壁炉"台钟（图6-25）。

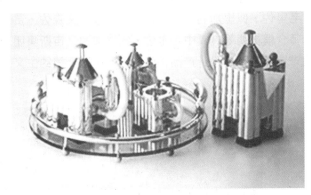

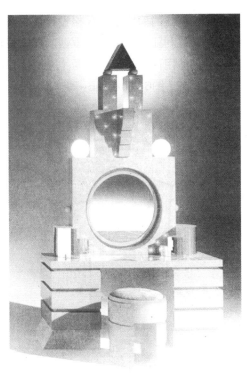

图6-22 咖啡壶

图6-23 梳妆台

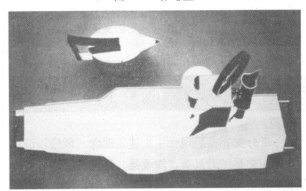

图6-24 咖啡壶

图6-25 "壁炉"台钟

第六节 微电子风格

　　严格地讲，微电子风格并不是一个统一的设计风格，它的形成与意识形态方面的探索、与对现代主义和国际主义设计的挑战并没有多大的关系，它是因为技术发展到电子时代，造成大量新的采用新一代的大规模集成电路晶片的电子产品涌现而导致的新的设计范畴，重点在于如何把设计功能、人体工程学、材料科学和显示技术在新产品上集中体现出来，达到良好的功能和形式效果。微电子风格的工业产品设计具有超薄、超小、轻便、便携、多功能且造型简单明快的特点。这种特点在20世纪80年代以后成为一种时尚潮流。

　　评论家约翰·格罗斯（Joohen Gros）认为这个风格是"小但是复杂"的。这个设计与数理研究关系密切。德国在20世纪70—80年代出现了统计派设计理论，其中比较重要的人物是赫伯特·奥尔（Herbertohl），他提出了"设计是可以计量的"理论，从而把设计引入定量分析的范畴。德国设计委员会非常支持这个理论，对于德国的理性主义传统和功能主义基础来说，理性化的研究和接触设计，是非常自然和合理的。对于他们来说，设计中最重要的不是形式，而是基本的功能要求能够得到满足。因此，定量化的设计方式，可以简单明了地取得良好的功能设计效果。

　　微电子设计风格实质上具有功能主义、简约主义和理性主义的复合体，是新现代主义在电子产品设计上的一种诉求结果，反映了人类由于居住在不断拥挤、不断缩小的空间里而对于"轻、薄、短、小"型产品的需求，反映了在高科技条件下，产品设计的发展趋势。如电视机由粗大笨重向超薄型发展，移动电话由最初的"砖头"到今天的"掌中宝""卡片式"等。德国西门子公司在1988年设计的便携式通讯中心，包括个人计算机、电话、传真机、激光资料碟和其他附属设备，众多的设备一应俱全，而整个设计只有常见的两张光盘大小。

　　可以说世界上生产电子产品的企业，都在设计上顺应微电子技术发展的趋势而从事微电子风格的设计。除了德国的西子门公司，还有克鲁伯公司、布劳恩公司、日本的松下公司、索尼公司、美国的IBM公司、通用电气公司、苹果公司等一直在领导这种设计风格（图6-26至图6-29）。微电子风格代表除了以上这些大企业外，还包括一些杰出的设计师如：托马斯·斯塔克（Thomas stark）、西莫与包威尔（Seymour / Powell）、佩利·金（Perry A. King）、汉斯-容根·艾什勒（Hans-Jurgen Escherle）、丹尼·威尔（Daniel Weil）、哈盖·什瓦德隆（Hagai Shvadron）、罗伯特·纳卡塔（Robort Nakata）、利莎·克劳恩（Lisa Krohn）、D.M.格里沙姆（D.M.Gresham）。

图6-26　西门子MyAy（检测环境工具）

图6-27　MP3播放器（索尼公司）

图6-28　苹果Mac mini　　　　　　　　　图6-29　随身听

另外，对于企业形象的关注也提升了对微电子风格的进一步发展。产品设计与企业的总体形象是密切关联的，产品设计是"企业文化"的重要有机组成部分之一。产品设计与企业形象的一致性，可以促进产品的销售和价格的提高，因此，20世纪80年代以来，越来越多地从形象的角度重视产品设计。理性主义的、功能主义的产品设计与企业的稳定、国际化形象是自然相通的，因此，理性主义在产品设计上特别是在"高科技"产品、电子产品上被再次提倡。微电子风格的造型特征使产品设计的外在表现有一种近似的感觉，容易形成家族化与系列化设计，对于提升企业形象具有良好的表现力。与20世纪80年代家具设计、建筑设计上的后现代主义和其他各种激进设计风格的探索形成鲜明对比，同一企业的产品越来越统一化，而设计上采取新现代主义和微电子风格，成为20世纪80年代末期和20世纪90年代设计风格的一个重要演变。

随着社会的发展、科技的日新月异和人类生活方式的改变，微电子风格将成为高科技产品发展的趋势，产品被企业和消费者广泛接受并被批量生产。

第七节　解构主义风格

一、解构主义概述

20世纪80年代，随着后现代主义的浪潮走向式微，一种重视个体、部件本身，反对总体、统一的解构主义哲学逐渐被一些理论家和设计师所认识和接受，在20世纪末的设计界产生了较大的影响。

解构主义这个字眼是从构成主义中演化出来的，其实质是对构成主义的破坏、分解与重构。构成主义强调的是设计结构的完整性、统一性，单独个体的构件是为总体的结构服务的。而解构主义则认为个体构件本身就是重要的，因而对单独个体的研究比对于整体结构的研究更重要，解构主义是对正统原则、正统秩序的批判与否定，甚至对传统的美学法则也提出了挑战。

解构主义作为一种哲学思潮，由哲学家贾奎斯·德里达（Jacques Derrida）于1967年推出的，而作为一种设计风格，却是在20世纪80年代由建筑师弗兰克·盖里（Frank Gehry）、彼得·埃森曼（Peter Eissenmann）、贝马得·屈米（Bemard Tschumi）等人提出的。20世纪初，语言学家萨苏尔在关于"语言符号学"的研究中提出了"结构主义"的概念。他的研究重点是关于符号的传达功能。他认为每一个字都是一个独立的符号，符号必须以某种方式联系起来，才能有意义，因此语法就成为关键的组织结构。德里达的继承人克洛德·列维—斯特劳斯把注意力集中到结构即语法上，深入地研究了语言与人类社会的传达与沟通关系。他认为所谓的结构是由两个因素组成的，即关系与区别。在这种背景下，1967年，哲学家德里达基于对语言学中的构成主义的批判提出了"解构主义"哲学思想，其理论的核心是对结构的反感，认为符号本身已经能够反映真实，对于单独个体的研究比对于整体结构的研究更为重要。由于德里达本人对建筑非常感兴趣，他认为新的建筑、后现代的建筑应该是要反对现代主义的垄断控制，反对现代主义的权威地位，反对把现代建筑和传统建筑对立起来的二元对抗方式，即建筑是解构主义的表现方式。20世纪80年代，经过设计的不断探索，一些设计师认为解构主义是具有强烈个性的哲学理论，进而将其应用于建筑、产品设计等领域。

解构主义建筑与产品设计的形式特征往往表现为疏松散乱、残缺不全、衔接突兀牵强，或以倾倒、扭转等形体形成失衡的惊险动势。解构主义设计貌似随心所欲、极度自由，而实质内在结构因素和室内外空间的功能设计都具有高度理性化的特点。解构主义建筑师设计的共同点是赋予建筑各种各样的语言，而且与现代主义建筑显著的水平、垂直或这种简单集合形体的设计倾向相比，解构主义的建筑却运用错位、叠合、相贯、偏心、反转、回转、重组等手法，强调设计结构的不稳定性与不断变化的特征，在形式上表现出富有运动感的形态的倾向。

二、解构主义设计风格的代表人物

弗兰克·盖里（Frank Gehry）堪称是世界上第一个解构主义风格的建筑设计师。盖里生于加拿大多伦多，在美国南加利福尼亚州大学获得建筑学硕士学位后，1962年开设了盖里建筑事务所。他的设计手法是把建筑整体肢解后重新组合，形成不完整甚至是支离破碎的空间和形态，体现了鲜明的个性特征。盖里认为完整性不在于建筑整体结构的规整划一，他注重基本部件的表现，从而使建筑的破碎感成为一种更加富于表现力的新形式。盖里持之以恒地不断推出新作品，其设计代表了解构主义的精华。他设计的西班牙毕尔巴鄂——古根汉姆艺术博物馆（图6-30）由几个粗重的体块相互碰撞、穿插而成，形成了扭曲而极富力度的空间效果。他设计的拉斯维加斯脑健康中心，包括两座翼楼、一个开放的庭院和一座"生命活动中心"。建筑的外观一部分采用传统的直线形体，以白色墙体和玻璃错落分布。另一部分则采用了盖里标志性的不锈钢屋顶，像雕塑一般折叠起伏。此外，他设计了一系列解构主义特征的建筑，如巴黎的"美国中心"、洛

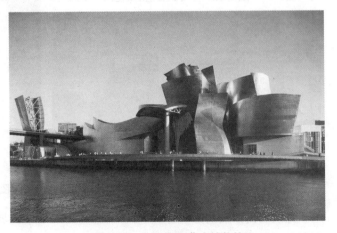

图6-30　古根海姆艺术博物馆

杉矶迪士尼音乐厅、巴塞罗那奥林匹克村、美国俄亥俄州托莱多大学艺术楼等。

彼得·埃森曼（Peter Eisenman）不仅是一位解构主义设计师，还是一位学者。1932年，他出生于美国新泽西州，曾是非常前卫的建筑集团"纽约五人"成员之一，他对解构主义哲学有很深入的研究，他认为无论是在理论上还是在建筑设计实践上，建筑仅仅是"文章本体"，需要其他的因素比如语法、语义、语音这些因素使之具有意义。他与德里达保持长期的通信、书信联系，不断探讨解构主义建筑理论的应用水平，为解构主义风格在建筑中的发展奠定了重要的应用基础。他从1968年起设计了从"1号住宅"开始的系列住宅，从事"深层结构"以及"深层结构"与"表层结构"之间转换的设计实践。1983—1989年，他设计了俄亥俄州立大学维克斯纳艺术中心（图6-31）。他引入了网格、轨迹等，并利用了图解的方法设计该建筑。埃森曼设计的辛辛那提大学阿罗诺夫艺术设计中心（图6-32），整栋建筑坐落在山坡上，很协调地和周围的环境融为一体。墙面被分成了很多不规则的方块并涂上各种粉红、粉蓝的颜色。空间有很多夹角，室内铺上浅灰色的地毯，视觉上是一种既冲突又融合的效果，有很强的解构主义风格。建筑的室内空间非常注重建筑的功能性以及设计教学的要求，该建筑是在原来13 400平方米的基础上扩建的12 000平方米的新空间所建成的，这些新的空间是用来作为图书馆、教师办公室、展览空间和工作室。这些空间和以前的空间浑然一体，组成现在的DAAP学院（图6-33）。

图6-31　俄亥俄州立大学维克斯纳艺术中心

图6-32　辛辛那提大学阿罗诺夫艺术设计中心　　　图6-33　辛辛那提大学DAAP学院内部

建筑理论家伯纳德·屈米（Bernard Tschumi）的看法与德里达非常一致，他也反对二元对抗论，屈米把德里达的解构主义理论引入到建筑理论，他认为应该把许多存在的现代和传统的建筑因素利用更加宽容的、自由的、多元的方式来重新构建建筑理论的框架。他也是建筑理论上解构主义理论的重要人物，起到把德里达、巴休斯的语言学理论、哲学理论引申到后现代时期的建筑理论中的作用。20世纪80年代，屈米以巴黎维莱特公园的一组解构主义的红色构架设计声名鹊起（图6-34）。该组构架由各自独立、互不关联的点、线、面"叠印"而成，上面附加有各种构件，形成茶室、观景楼、游艺室等场所，完全打破了传统园林的设计概念。

盖里设计了盖里椅（图6-35）、"气泡"椅（图6-36）等许多产品设计。德国设计师英戈·莫端尔（Ingo Maurer）设计了两种灯具（图6-37和图6-38），其中"波卡·米塞里亚吊灯"别具一格，整体设计以瓷器爆炸的慢动作影片为蓝本，将瓷器"解构"成了灯罩。

图6-34 巴黎维莱特公园的一组解构主义的红色构架

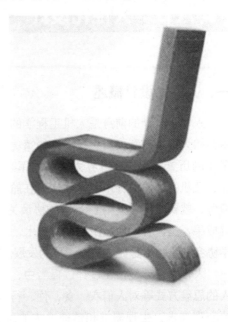
图6-35 盖里椅

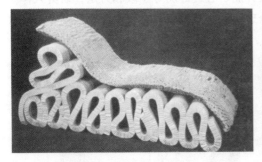
图6-36 "气泡"椅

图6-37 "波卡·米塞里亚吊灯"

图6-38 英戈·瑞尔设计的灯具

解构主义设计师虽然对现代主义设计表现的整体性和构成主义表现的有序的结构感均持否定态度，认为设计应充分表现作品的局部特征，作品的完整性应寓于各部件的独立显现之中、追求各局部部件和立体空间的明显分离的效果及其独立特征。但实际上，经解构主义设计精心处理的相互分离的局部与局部之间，往往存在着本质上的内在联系和严密的整体关系，并非是无序的杂乱拼合，因为它们都必须考虑到结构因素的可能性和室内外空间的功能要求。从这个意义上来说，解构主义不过是另一种形式的构成主义。

解构主义是具有个性、随意性和表现特征的设计探索风格，是对现代主义、国际主义原则的标注的否定和批判，但几乎所有的解构主义建筑都具有貌似零乱，而实质有着内在结构因素和整体性考虑的特征。解构了原有结构的同时，形成了全新的结构。解构主义的影响是小范围的，并未能发展成为一种大规模的运动，而最终仅仅成了填补后现代主义衰落之后的一种前卫设计探索风格和思潮。

第八节 人性化设计

一、人性化设计概述

人性化设计的前身是人机工程学的出现和发展，人机工程学起源于欧美，原是在工业社会中开始大量生产和使用机械设施的情况下，探求人与机械之间的协调关系，作为独立学科有40多年的历史。第二次世界大战中的军事科学技术，开始运用人机工程学的原理和方法，在坦克、飞机的内舱设计中要做到使人在舱内有效地操作，并尽可能使人长时间的在小空间内减少疲劳，就要处理好人–机–环境的协调关系。第二次世界大战后，各国把人机工程学的实践和研究成果，迅速有效地运用到空间技术、工业生产、建筑及室内设计中去，1960年国际人机工程学协会的建立更是促进了该学科的发展。

人性化设计是指在设计过程当中，根据人的行为习惯、人体的生理结构、人的心理情况、人的思维方式等对人们衣、食、住、行以及一切生活、生产活动的综合分析，是在设计中对人的心理需求、生理需求和精神追求的尊重和满足，是设计中的人文关怀，是对人性的尊重。人性化设计强调以人为主体，运用人体计测、生理计测、心理计测等手段和方法，研究人体结构功能、心理、力学等方面与产品、环境之间的合理协调关系，以适宜人的身心活动要求，取得最佳的使用效果，其目标是安全、健康、高效和舒适。人性化设计是科学与艺术、技术与人性的结合，科学技术给设计以坚实的结构和良好的功能，而艺术与人性使设计富于美感，充满情趣和活力。美国麻省理工学院推出的一款概念候车亭，通过在候车亭上设置的无线系统，可以连接到卫星地图，方便候车的人们更好地掌握乘车路线（图6-39）。如今，人性化设计已经深入人心，深刻地影响了生活的各个方面。

人性化设计的理念在现代工业设计史上

图6-39 概念候车亭

具有重要意义，它完成了从"人要适应机器和产品"到"机器和产品要适应人"的历史性转变。在考虑设计问题时以人为轴心展开设计思考。在以人为中心的问题上，人性化的考虑也是有层次的，既要考虑作为社会的人，也要考虑作为群体的人，还要考虑作为个体的人。因此，人性化设计的观念是在人性的高度上，把握设计方向的一种综合平衡，以此来协调产品开发所涉及的深层次问题。例如供应酒店宾馆用的双马达吸尘吸水机（图6-40），这款产品的设计充分想到了产品应用环境的实际状况和清洁工的实际工作状态，尤其是防电手柄，更加体现了人性化设计风格。信息化时代带来了巨大物质利益的同时，也带来了许多现实的问题，如人

图6-40　双马达吸尘吸水机

的孤独感、造型的失落感、心理压力的增大、自然资源的枯竭、交通状况的恶化、环境的破坏等。这些问题的产生，其本质原因并不在于物质技术的进步，而正是由于总体设计上的失衡，没有把人性化的观念系统地贯穿于人类造物活动之中。这些问题的出现，从反面证明了提倡和强调人性化设计观念的重要意义。

人性化设计观念的要点及引申的原则大致包括以下几个方面：

（1）产品设计必须为人类社会的文明、进步做出贡献。

（2）以人为中心展开各种设计问题，克服形式主义或功能主义错误倾向，设计的目的是为人而不是为物。

（3）把社会效益放在首位，克服纯经济观点。

（4）以整体利益为重，克服片面性，为全人类服务，为社会谋利益。

（5）设计首先是为了提高人民大众的生活品质，而不是为少数人的利益服务。

（6）注重研究人的生理、心理和精神文化的需求和特点，用设计的手段和产品的形式予以满足。

（7）设计师应是人类的公仆，要有服务于人类、献身于事业的精神；设计是提升人的生活的手段，其本身不是目的，不能为设计而设计。

（8）要使设计充分发挥协调个人与社会、物质与精神、科学与美学、技术与艺术等方面关系的作用。

（9）要充分发挥设计的文化价值，把提高人们的精神文化素养、陶冶情操的目标结合起来。

（10）用丰富的造型和功能满足人们日益增长的物质和文化需求，提高产品的人情味和亲和力，以发挥更大的作用。

（11）把设计看成是沟通人与物、物与环境、物与社会等的桥梁和手段，从人—产品—环境—社会的大系统中把握设计的方向，加强人机工程学的研究和应用。

（12）用积极、主动的方式研究人的需求，探索各种潜在的愿望，去"唤醒"人们美好的追求，而不是充当被唤醒者，不被动地追随潮流和大众趣味。总之，应把设计的创造性、主动性发挥出来。

（13）在人性化设计的观念中，把设计放在改造自然和社会、改造人类生存环境的高度加以认识。因此，要使产品尽可能具备更多的易为人们识别和接收的信息，提高其影响力。

（14）人民是历史和社会的主人，超脱一切的人性化从根本上是不存在的。因此在设计中要排除设计思潮中一切愚昧的、落后的、颓废的、不健康的、不文明的因素。

（15）设计要注意正确处理民族性问题，继承和发扬民族精神、民族文化的优良传统，从而为人类文明做出贡献。

（16）人性化设计的观念是一种动态设计哲学，并不是固定不变的，随着时代的发展，人性化设计观念要不断地加以充实和提高。

（17）设计的重要任务之一是使人类的价值得到发挥和延伸。

（18）时时处处为消费者着想，为其需求和利益服务。

人性化设计要考虑多种影响因素，如人的动机、人机工程学、宏观与微观环境、文化、美学等因素，以及具体到造型、色彩、功能、材料等设计元素的有机融合与综合分析，使设计更具有情感、个性、情趣和生命。

二、人性化设计的作品

工业设计中的造型与结构要素是人们对人性化设计关注点中最重要的一方面，设计的本质和特性必须通过一定的造型而得以明确化、具体化、实体化。意大利设计师扎维·沃根（Zev Vanghn）于20世纪80年代设计的Bra椅子，虽采用了传统椅子的结构但椅背却运用了柔软而富有曲线美的女性形体造型，人坐上去柔软舒适且浮想联翩，极富趣味性。1994年，意大利设计师设计推出的Lucellino壁灯，模仿了小鸟的造型，灯罩两旁安装了两只逼真化的翅膀，具有温馨的自然情调，一种人性化的氛围扑面而来。有着巧妙设计的适合儿童的马桶座（图6-41），通过盖板底下的卡口将其固定在成人的马桶座上，使马桶能适合一家人的使用。输液时，操作失误经常发生，特别是给小孩输液时，由于小孩不容易配合，有时护士需要扎几次才能找准血管，给孩子、家长和护士都带来了一定程度的痛苦，精心设计的注射针头在点滴注射器上加上了一个把手，操作方便，注射准确率提高（图6-42）。无驱摄像头的整体风格简约但不失高雅与大方，造型显得可爱、有趣，尤其是它还配备了一个纯白色的降噪麦克风，能录入高清晰语音，是一款人性化设计的经典作品（图6-43）。

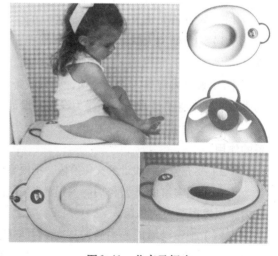

图6-41　儿童马桶座

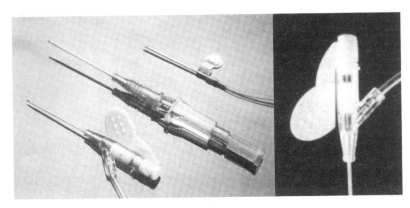

图6-42 注射针头　　　　　　　　　图6-43 无驱摄像头

色彩是人性化设计的重要元素。虽然设计中色彩必须借助和依附于造型才能存在，需通过形状的体现才具有意义，但色彩与具体的形状结合，便具有极强的情感色彩和表现特征，具有强大的精神影响。大多数的现代设计都秉承了包豪斯的现代主义设计传统，多以黑、白、灰等中性色彩为表达语言，体现出冷静、理性的产品设计特征，但当看到具有人情味的产品时，消费者的心理便为之一振，豁然开朗。在后现代设计的特征和色彩运用中，更多地融入了设计师和消费者个人的情感、喜好和观念（图6-44和图6-45）。

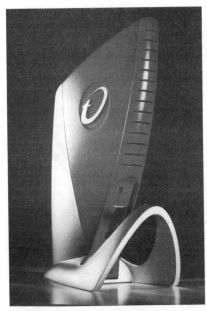

图6-44 计算机机箱的色彩设计　　　　图6-45 色彩有机搭配的缠线器

现代设计师常在工业设计中采用自然材料，通过材料的调整和改变，以增加自然的情趣或人性化的设计情调，使人产生强烈的情感共鸣。如妇科椅的材料选择与搭配让人感觉不再是冷冰冰的医疗器械，而像是温馨的休闲沙发一样（图6-46）。20世纪80年代，由西德人为发育迟缓儿童设计的学步车，曾获国际工业设计大奖。该设计没有选用伤残人器械上常使用的那种闪着寒光的铝合金，而采用了打磨柔滑的木材制作，再涂上鲜艳的红漆，配上积木车玩具。该产品工艺简单，却受到了国际工业设计界的好评，其根本原因在于设计者通过对材料的用心选择、色彩的精心搭配和功能的合理配置表现了一种正直的思想和对人性的关怀，让孩子不再感到它是医疗器械，而是令人亲近的叫人喜爱的玩具，从而打消自卑感，增加了面对生活的勇气，也有利于孩子健康人格的形成。

产品的功能是人性化设计的重点，好的功能对于一个成功的产品设计来说是十分重要的。

如何使设计产品的功能更加方便人们的生活，更多要考虑到人们的新需求，是未来产品设计的一个重要出发点。概括来说就是未来产品的功能设计要具备人性化。多功能超市购物车在超市的购物车架上加上隔栏，有小孩的购物者在购物时可以将小孩放在里面，从而使购物更方便和轻松，也可以加一个翻板，当老年人购物累了可以当靠椅休息（图6-47）。

另外，对于社会上特殊人群的考虑，比如残疾人是社会应当给予更多关心的一类群体。在设计产品时就应该将这类人群的特殊人机因素考虑进去，尽量对他们的生理缺陷进行弥补，这些是人性化设计理念应当考虑的范畴（图6-48）。

在人性化设计中，产品的名字也受到设计师的关注。借助于语言词汇的妙用，给产品一个恰到好处的命名，往往会成为人性化设计的"点睛"之笔。如同写文章一样，一个绝妙的题目能给读者以无尽的想象，让人心领神会而怦然心动。如CK设计集团设计的一款休闲椅，将其命名为"催眠"，给人一种懒洋洋地享受，同时带给使用者许多的思考和梦想，其给人的情感体验是不言而喻的（图6-49）。

总之，产品是为人设计的。因此，就产品设计的本质来说，任何观念的形成均需以人为基

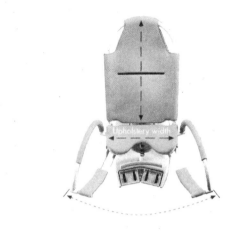
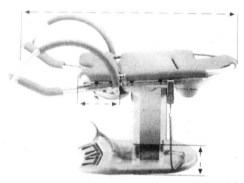

图6-46　妇科椅

本的出发点，以人性化为主应看作是首要的设计理念。注重人性化的设计，正是工业设计所追求的崇高理想，即为人类造就更舒适、更美好的生活和工作环境。

图6-47　多功能超市购物车　　　图6-48　智维电动轮椅　　　图6-49　"催眠"休闲椅

第九节　绿色设计

一、绿色设计概述

绿色设计是20世纪80年代末兴起的一股国际设计思潮。它反映了人们对于现代科技、工业发展所引起的环境及生态问题的关注，也反映了设计师对传统设计风格的扬弃与对工业设计理论的新探索。

绿色设计是一个内涵相当宽泛的概念，有的设计师也称绿色设计为生态设计、环境设计、环境意识设计等，虽称呼不一样但内涵却都着眼于人与自然的生态平衡关系。在设计过程的每一个决策中都应充分考虑到环境效益，尽量减少对环境的破坏。在工业设计中，并将其作为设计目标，在满足环境目标要求的同时，保证产品应有的功能、使用寿命、质量等要求。绿色设计的原则被公认为"3R"原则，即减少环境污染、减小能源消耗、产品和零部件的再生循环或者重新利用。

绿色设计源于人类对于科技和工业的快速发展所引起的环境及生态系统破坏的反思，是设计师道德与社会责任感的回归。工业革命使世界经济以前所未有的速度发展，人类创造了比以往任何时候都要高得惊人的物质文明，但是，人类也为之付出了惨痛的代价，那就是对生存环境的巨大破坏。这种破坏一方面表现在对资源的浪费和掠夺性利用上，另一方面是环境的污染与恶化。20世纪50年代，出于对福特汽车的商业竞争策略，美国通用汽车公司率先提出了"有计划的商品废止制"，后来发展为美国商业性设计，即在设计中强调形式第一，功能第二。商业性设计中设计师们为了促进商品销售，增加经济效益，不断花样翻新，以流行的时尚来博得消费者的青睐，厄尔等人认为这是对设计的最大鞭策，是经济发展的动力，并且在自己的设计活动中实际地应用了它。另一些人，如诺伊斯等人则认为"有计划的商品废止制"是对社会资源的浪费和对消费者的不负责任，因而是不道德的。从20世纪60年代开始，人类就逐步意识到了工业革命以后带来的不良影响，认识到了现代主义设计在环境破坏中引起的负面作用。于是，设计师们便开始了种种围绕环境和生态保护的设计探索。

对于绿色设计产生直接影响的是美国设计理论家维克多·帕帕奈克（Victor Papanek）。在20世纪60年代末，他出版的一本《为真实的世界设计》（图6-50）的专著引起了设计界的极大争议。该书专注于设计师面临的人类需求的最紧迫的问题，强调设计师的社会及伦理价值。他认为，设计的最大作用并不是创造商业价值，也不是在包装和风格方面的竞争，而是一种适当的社会变革过程中的元素。随着20世纪70年代"能源危机"的爆发，他的另外一本专著《绿色紧迫》产生了深刻影响，他的"有限资源论"得到了人们普遍的认可，绿色设计也得到了越来越多人的关注和认同。经过不断摸索和完善，20世纪80年代，绿色设计思想已成为所有设计师的共识和实践的最基本准则。到了20世纪90年代，随着全球性产业结构的调整和人类对客观认识的日益深化，为了寻求从根本上解决制造业环境污染的有效方法，在全球掀起了一股"绿色浪潮"。在这股"绿色浪潮"中，设计师们更多地以冷静、理性的思辨来反省一个世纪以来工业设计的历史进程。不少设计师转向从深层次上探索工业设计与人类可持续发展的关系，力图通过设计活动，在人—社会—环境之间建立起一种协调发展的机制，这标志着工业设计发展的一次重大转变。"绿色设计"成了当今工业设计发展的主要趋势之一。

图6-50　《为真实的世界设计》著作

1994年，斯塔克为沙巴法国公司设计的一台电视机（图6-51），其机壳采用了一种可回收的材料——高密度纤维模压成型，令人耳目一新，为家电市场创造了一种"绿色"设计的新视觉。

　　2005年，海尔集团推出了一款绿色环保型洗衣机——海尔"天然洗"洗衣机（图6-52）。该产品采用了电解原理，把水分解成碱性离子，同时采用了海尔独有的"双动力"技术，达到高于洗衣粉的洗净效果。在水循环时，水又被分解成酸性离子，这一产品更具有了抗菌消毒的作用。海尔"天然洗"不用洗衣粉的洗衣机，其独有的健康、环保、节能等绿色设计理念，对未来的家电市场发展起到了重要的影响。

图6-51　斯塔克设计的电视机

图6-52　海尔"天然洗"洗衣机

二、实现绿色设计的设计方法

1. 生态设计

　　生态设计是利用生态学的思想在产品生命周期内优先考虑产品的环境属性。除了考虑产品的性能、质量和成本外，还要考虑产品的更新换代对环境产生的影响。它包括两个方面的含义：一是从保护环境的角度考虑，减少资源消耗，实现可持续发展战略；二是从商业角度考虑，降低成本，减少潜在的责任风险，以提高竞争能力。

　　生态设计要求把传统的生产模式改为"生态化"的生产模式，即形成由原料—产品—剩余物—产品的循环，逐步实现产品设计的生态化过程。其一，充分利用资源和节约材料的技术，减少废弃物排放，同时建造净化废弃物的装置，减少它对环境的有害污染；其二，在采用减少废弃物的生产技术的同时，采取利用废弃物进行再生产的技术；其三，设计不产生废弃物的生产系统，实现无废料生产过程和废物再利用过程。

　　生态设计概念被提出来以后，得到了世界上许多国家的重视，许多设计师在设计中将其作为重要的指导思想和准则。华硕旗下的新一代竹韵笔记本，凭借独特的环保节能设计，获得了

"2008创新盛典"关注度最高的最佳绿色设计奖（图6-53）。该设计采用了源自天然、健康环保的优质竹材为外壳，且集结了优雅外观、柔性质感、效能卓越、节省能源等诸多优势于一体，符合现代人时尚、绿色的生活应用需求，尤其是对于我国存林量较低而竹产量巨大的国情而言，竹子是一种很好的绿色环保材料；可降解的有机特质，更是对于减少环境污染有着天然的优势。华硕的竹韵笔记本不仅在于材质层面，而且在这款竹系列笔记本身上首发的华硕独家超级混合动力引擎技术，

图6-53　华硕的竹韵笔记本

对于如何精细节约工作中的每一分钟电量给出了全新的应用解决方案。该技术通过软硬件结合，能够更大程度地减少能量消耗。在实际测试中，配备此项技术的机型能使电池续航能力增加35%到70%，性能亦可同比提升23%。尤其在华硕省电模式切换工具下，可以令一台笔记本每年减少多达12.3公斤的二氧化碳排放量，是诠释科技环保时尚新风的代表之作。

2008年，Yanko Design网站回顾了近年来发布推出的十大顶尖绿色设计，设计师对可持续生活方式做出了大胆的构想（图6-54至图6-57）。其中，垂直农场通过大规模生产的摩天农场来生产食物，将整个农业耕种密封在一个封闭的环境里，旨在解决那些农业耕作问题，诸如焚烧、水源污染、土地减少问题；河植物水族馆这款鱼缸拥有一个生物穹顶，缸里的鱼和水可以给植物提供养分，同时植物给水中的鱼提供氧气；Kupe Furniture家具全部用诸如卡车弹簧、威士忌桶的木块搭成。

图6-54　垂直农场

图6-55　河植物水族馆

图6-56 Com-bat—太阳能驱动的机器人飞机

图6-57 Kupe Furniture

2010年上海世界博览会的世界博览轴（获得2010年全球生态建筑奖）设计中充分引入了生态、环保和节能的理念，通过六个阳光谷及两侧草坡，把绿色、新鲜空气和阳光引入各层空间；同时还采用地源热泵、江水源热泵、雨水收集利用等环保节能新技术，体现"城市，让生活更美好"的上海世博会主题（图6-58）。

2. 循环设计

循环设计又称回收设计，是指实现广义回收和利用的方法，即在进行产品设计时，要充分考虑产品零部件及材料回收的可能性，回收的渠道、方法以及回收处理结构工艺性等与回收有关的一系列问题，以达到零部件及材料资源和能源的再利用。它旨在通过设计来节约能源和原材料，减少对环境的污染，使人类的设计产品能多次反复利用，形成产品设计和使用的良性循环。

在资源枯竭和不可再生日趋严重的情况下，循环设计越来越受到各国政府的重视和提倡，把节省减排作为一项政策对环境和资源加以保护。如婴儿使用的一款可以将内垫拆下来洗的尿不湿（图6-59），其可以多次应用。掩埋一块尿不湿，需要500年才能分解，看来要爱护地球，需要从宝宝抓起。

图6-58 世博轴

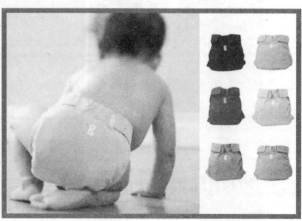
图6-59 尿不湿

纸板杂志架是用废弃的硬纸板制作的（图6-60），在那些致力于可持续性发展和绿色设计的设计师手中，废弃的硬纸板变成了一件可以再利用的产品。

图6-60　纸板杂志架

加拿大卡尔格雷水中心是一座可持续的建筑（图6-61），在设计和建造时始终贯彻了环保思想。它采用的科技手段有：①建筑保温，减少能耗；②可调节的窗户，帮助监控和保持室内空气质量；③屋顶雨水收集系统，用于绿化灌溉；④中水回用系统，用于冲厕；⑤屋顶辐射降温系统与地板下通风系统；⑥使用可再生资源、可回收材料等。建筑的景观设计重点在于创造尽可能多的绿色空间。

3. 组合设计

组合设计又称模块化设计，是将产品统一功能的单元，设计成具有不同用途或不同性能的可以互换选用的模块式组件，在更好地满足用户需要的同时，达到节约材料和能源，减少环境污染，实现产品的循环利用的目的。组合设计的理念提出以后，得到了许多工业企业的重视，设计师们也为之做出了大量实践，设计出了许多优秀的作品（图6-62和图6-63）。

在不少国家和地区，交通工具成为空气和噪声污染的主要来源，并且消耗了大量宝贵的能源和资源，因此交通工具（特别是汽车）的绿色设计备受设计师们的关注。随着新技术、新能源和新工艺的不断出现，经过工业设计师不断地努力与探索，设计了很多理想的环保汽车，如Lotus Eco-Elise轿车，这辆轿车使用了"eco wool"材料，拥有一个可以给全车电力系统供电的车顶太阳能板（图6-64）。

图6-61　加拿大卡尔格雷水中心

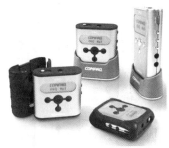　　　　

图6-62　MP3　　　　　　　图6-63　不喝汽油汽车　　　　图6-64　Lotus Eco-Elise轿车

　　绿色设计的实现还有多种设计方法，比如并行设计、系列设计以及流行色包装设计等。实际上，绿色设计并不是一种单纯的设计风格的变迁，也不是一般工作方法的调整，严格地讲，它是一种设计策略的大变动，一种牵动世界诸多政治与经济问题的全球性思路，一种关系到人类社会的今天与未来的文化反省。"绿色设计"在现代化的今天，不仅是一句时髦的口号，还切切实实关系到每一个人的切身利益的事情。社会可持续发展的要求预示着"绿色设计"将成为21世纪工业设计的热点之一。

第十节　情趣性设计

一、情趣性设计概述

　　情趣性设计，又称高情感与趣味性设计，是20世纪90年代出现的一种设计风格。20世纪20—30年代，现代主义设计的理性主义与功能主义对社会产生了深刻影响，以机器美学为代表的几何图形在产品上广泛应用，人类的生活中被各种各样冷漠的硬线条所充斥。进入21世纪，计算机与网络闯入了人类的生活并改变了人类的生活习惯与观念，人们的交往大多在网上进行，交流方式的改变带来了人的孤独与疏远。随着科技的进一步发展和生活节奏的加快，人们的内心越来越渴望在生活中找到某种诉求，即希望他们所使用的产品带来温馨感与趣味性。20世纪60年代人类进入了后现代社会，开始逐步关注人类的情感需求。20世纪80年代人性化设计得到了设计师的关注，高情感与趣味性设计开始在工业设计中体现。

　　情趣性设计试图通过由曲线的形态和热烈的色彩，改变高科技硬件过多的生硬面孔。在产品设计中主要表现在：①以明亮活泼的色彩代替冷漠的黑色或灰色；②以光洁、平滑、流畅的曲线和圆角代替生硬的盒式外壳；③以塑料等亲切轻便的材料代替金属等冷漠的材料质感。同时借用人们的希望、爱好、祝愿、友谊、幽默、时尚追求等富有人之常情、生活情趣的内容，通过形象化的造型，或附加造型的方法，应用到产品中去，是人性化设计理论的一种演绎表现，是人们在高科技时代追求高情感与趣味性完美结合的体现（图6-65和图6-66）。

图6-65　大肚汉　　　　　　　　　　　图6-66　趣味调料盒

二、情趣性设计的作品

　　情趣性设计的产生主要受法国著名设计大师菲利普·斯塔克、美国著名的心理学专家唐纳德·诺曼（Donald Norman）等人的影响。法国著名设计大师菲利普·斯塔克被称为设计"鬼才"。1965年，不满16岁的斯塔克在法国LaVilette家居设计竞赛中获得第一名。20世纪90年代，斯塔克主要从事计算机和交通工具的设计，试图为现代技术加入个性化与情感，如1994年他为Soba公司设计的Jim Nature电视，极富创意地使用纸板取代了塑料的壳体，又如1995年他为Aprilia公司设计的Moto摩托车和儿童踏板车都显示出了与众不同的构思。他谈到自己的设计创意时就特别强调从"发掘人类的情感本源"出发，因此他创造了许多富有"表情"和"生命力"的产品，其中一些被公认为是20世纪的经典设计。他在1996年设计的水果盘，其光滑金属表面和具有明亮色彩的有机材料造型形成对比，抽象化的人体与几何形态形成对比，给人以强烈的情感色彩与形式冲突（图6-67）。他设计的2006款Fossil电子手表（图6-68），表盘的设计构思给人以充分的想象空间与交流空间。

　　唐纳德·诺曼，是国际上著名的心理学专家。他对情感研究非常关注，为此进行了大量的实验分析来获得对人类情绪、情感的科学认识，以此指导"以用户为中心"的设计。2003年，他的《日常物品设计》一出版就成为非常畅销的图书，书中他用诙谐的手笔、深入的分析，阐明了以人为本的至上设计原则：应该让用户一目了然地知道如何去操作，应该让消费者享受乐趣而不是饱受挫折。2005年，他的一本专著《情感化设计》主要研究的是情感状态，以及用情感指导各类设计的方法。他的专著和学术论文启迪着设计师们对于设计中情感要素的思考，

图6-67　水果盘

探索人的情感与产品设计的关系。他的开创性工作揭示了人的情感与产品之间所存在的微妙关系，提出了一系列新颖的、富有启发性的观念与思路，令人耳目一新，在国际上引起广泛的关注，情趣性设计成为一种国际设计风格，并成为未来工业设计的发展趋势之一。

由意大利制造商Flos和纽约设计师罗恩·吉拉德（Ron Gilad）合作设计了"Wall Piercing"作品，这是一款可调节的壁挂式灯具（图6-69）。这款环形灯具可以自由组合搭配使用，为顾客提供了一整套图形和灯光组合效果，使用者可以根据灯具所处环境的氛围和风格对灯光效果进行调整。

意大利设计师Marco Vanella根据医生的职业特点和工作环境，设计了一款"Motoworkr"手机，集体温计、听诊器、血压计于一身（图6-70）。所有数据都显示在手机屏幕当中，可以让医生随时就诊。该手机还能够与医院数据库连通，数据能够即时地传送到医院数据库当中，是对医生与患者的双重情感关怀。

设计师Sejoon Kim设计了一款情趣性"隐藏"时钟（图6-71），如果你想看时间，只需要轻按它柔软的表面。同时这款时钟与GPS的时钟同步，自动校时，这样就永远也不会出错。情趣性设计的作品在生活中较常见，如通过对百叶窗的控制就可以实现对光线及对环境进行控制的吊灯（图6-72）以及情趣性SNAP-A-PARTY塑胶餐具（图6-73）。

情趣性设计不仅体现在日常生活用品方面，如小型电子产品、灯具、家具、交通工具等，还体现在机械、矿山设备等。如矿工个体防护与危难救助工具设计（图6-74），设计师充分考虑矿难发生的原因，将防护与救助加以整合，其造型、使用方式与色彩大胆突破了传统井下安全设备的设计特点。

图6-68　2006款Fossil电子手表

图6-69　可调节的壁挂式灯具

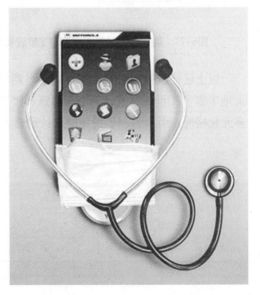

图6-70　"Motoworkr"手机

图6-71 情趣性"隐藏"时钟

图6-72 百叶窗吊灯

图6-73 趣味性SNAP-A-PARTY塑胶餐具

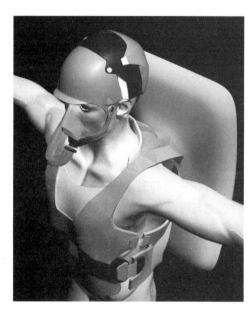
图6-74 矿工个体防护与危难救助工具

以上设计风格和思潮在20世纪后半期特别是在20世纪80年代以后相继形成、流行,不仅极大地丰富了20世纪的设计语汇,活跃和繁荣了20世纪的设计局面,造成了这一时期多姿多彩的多元化格局,而且为21世纪新的设计理念、方法、风格的形成奠定了基础。

第七章　欧美现代设计发展

第一节　德国现代设计

　　德国的工业企业一向以高质量的产品著称世界，德国的汽车、机械、仪器等，都具有非常高的品质。德国在政治、经济、文化的发展中形成了开放的文化观和高度的社会责任感，设计师对于设计责任的高度重视被认为是理所当然的。主流设计依然保持固有的理性主义，但是德国设计不仅仅体现在功能主义，他们对于日常产品的人性化设计，早在包豪斯时期就明确了"设计的目的是人而不是产品"，设计的诸多小产品与人们的生活息息相关，细微之处尽显"以人为本"。

　　德国的不少企业都有着非常杰出的设计，同时有着非常杰出的质量水平，比如克鲁博公司、艾科公司、梅里塔公司、西门子公司等。这些因素造成德国设计的坚实面貌：理性化、高质量、可靠、功能化、冷漠。德国的设计虽然具有以上那些特征，但是以不变应万变的德国设计在以美国的"有计划的废止制度"为中心的消费主义设计原则造成的日新月异的、五花八门的新形式产品面前，已经非常困窘了。因此，德国出现了一些新的独立设计事务所，为企业提供能够与美国、日本这些高度商业化的国家的设计进行竞争。其中最显著的一家设计公司，就是青蛙设计公司。

　　青蛙设计公司的创始人艾斯林格（Hartmut Esslinger）于1969年在德国黑森州创立了自己的设计事务所，这便是青蛙设计公司的前身（图7-1）。艾斯林格先在斯图加特大学学习电子工程，后来在另一所大学专攻工业设计，这样的经历使他能完美地将技术与美学结合在一起。

图7-1　工作室

艾斯林格无疑是当代世界最负盛名的设计师之一，以突破性的设计重新定义了现代消费美学观念。他始终强调"未来很重要"，他解释设计必须具备长远的战略眼光，而不仅仅着眼于当下的竞争。之所以把设计提高到企业战略层面的问题，并且事关创新变化和未来命运，是因为艾斯林格认为，设计是一种协调，协调科技、商业和资本，生态与资源，人类以及社会。2017年6月28日，世界设计组织（WDO）授予艾斯林格教授2017年世界设计奖，以表彰他为培养年轻设计师不遗余力的卓越贡献。

青蛙设计公司的设计既保持了乌尔姆设计学院和博朗公司的严谨和简练，又带有后现代主义的新奇、怪诞、艳丽，甚至嬉戏般的特色，在设计界独树一帜，在很大程度上改变了20世纪末的设计潮流。青蛙设计公司的设计哲学"形式追随激情"使许多设计作品都有一种欢快、幽默的情调，令人忍俊不禁。青蛙设计公司在1992年设计了一款儿童鼠标，看上去就好像一只真老鼠，诙谐有趣，逗人喜爱，让小孩有一种亲切感（图7-2）。

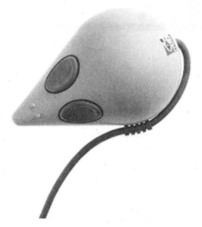

图7-2 儿童鼠标

艾斯林格认为，20世纪50年代是生产的时代，20世纪60年代是研发的年代，20世纪70年代是市场营销的时代，20世纪80年代是金融的时代，而20世纪90年代则是综合的时代。青蛙公司原先各自独立的专家协同工作的目标是创造最具综合性的成果。为了实现这一目标，青蛙设计公司的内部和外部结构都做了调整，采用了综合性的战略设计过程，这一过程包括深入了解产品的使用环境、用户需求、市场机遇，充分考虑产品各方面在生产工艺上的可行性等，以确保设计的一致性和高质量。此外，还必须将产品设计与企业形象、包装和广告宣传统一起来，使传达给用户的信息具有连续性和一致性。

公司的业务遍及世界各地，包括AEG、苹果、柯达、索尼、奥林巴斯、AT&T等跨国公司。青蛙设计公司的设计范围非常广泛，包括家具、交通工具、玩具、家用电器、展览、广告等，如青蛙设计公司设计的一款儿童青蛙牙刷，采用了仿生手法，一个站立的青蛙牙刷配一个青蛙钥匙链，产品诙谐有趣，激发儿童想象力，讨人喜爱（图7-3）。又如青蛙设计公司设计的迪士尼儿童系列产品（图7-4）。20世纪90年代以来该公司最重要的领域是计算机及相关的电子产品，并取得了极大的成功，特别是青蛙设计公司的美国事务所，成为美国高技术产品最有影响力的设计机构。艾斯林格也因此在1990年荣登商业周刊的封面，这是自罗维1947年作为《时代》周刊封面人物以来设计师仅有的殊荣。对青蛙设计公司来说，设计的成功既取决于设计师，又取决于业主。相互尊重、高度的责任心以及相互之间的真正需求却是极为重要的，而这正是青蛙设计公司与众多国际性公司合作成功的基础。

青蛙设计公司也积极从事社会创新项目，并且广泛与非营利组织如联合国儿童基金会有着深入地合作。2008年，青蛙设计公司推出了Masiluleke项目，《经济学人》杂志认为该项目为"世界最大的移动医疗技术试验田"。该项目是第一个试图运用移动通信手段来解决南非艾滋病疫情的尝试（图7-5）。

 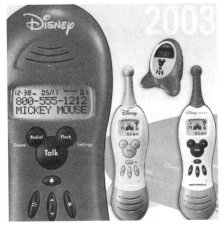 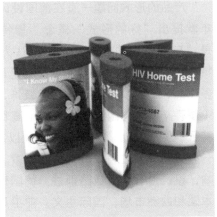

图7-3　青蛙儿童牙刷　　图7-4　迪士尼儿童系列产品　　图7-5　Masiluleke项目

近几年，一些企业越来越倾向于培养自己的设计团队，企业希望打造自己的创意设计团队已是大势所趋。在哈利·韦斯特（Harry West）的带领下，frog（美国创意设计公司）不再把自己局限于一家设计公司，而是一家设计咨询公司，这也是许多著名的设计公司所选择的全新业务方向。哈利对"设计咨询"这样解释："设计已经远远不只是外表的设计，而是完整体验的设计。我要做的就是带领frog为客户提供涵盖战略、科技、交互、视觉、工业、软件、品牌、质量的系统性设计解决方案。"哈利特别强调"系统"二字，他认为这才是当今设计公司提供服务的精髓——设计绝非表面功夫。哈利提到的交互体验、外观、战略等都是参与设计一个产品需要涉足的方面。哈利希望frog最终设计出的产品将会是一个完整的系统，而非只是美好的外观。

2017年，frog同魅族公司共同合作打造了新款手机产品Pro7（图7-6）。在魅族Pro7众多版本中，属黑色亮面拉丝工艺最为复杂，为了呈现出最独特的效果，机身需经过合金打磨、镜面抛光、阳极氧化和背膜抛蜡等多道复杂工艺制作而成。魅族Pro7外观的点睛之笔就是其特有的画屏配置。为了让手机的"创意之作"完美呈现在世人面前，在屏幕与背部金属机身的结合方式上，魅族Pro7首创了分类装配工艺。此流程要对每一个金属机身进行3D扫描筛选，之后根据不同尺寸选择相应的画屏进行安装，最终达到"天人合一"的完美衔接效果。此款产品集创新外观设计与交互亮点于一身，它代表了魅族对产品研发的极致追求以及frog以人为本的设计理念和前瞻的设计思维。

德国设计的优秀品质要归功于20世纪50年代博朗公司与乌尔姆设计学院的合作以及公司设计总监迪特·拉姆斯（Dieter Rams）开创的全新设计模式。迪特·拉姆斯被誉为"20世纪最有影响力的设计师之一"。他设计的众多产品被全世界的博物馆永久性收藏。

图7-6　魅族Pro7

产品的形式问题一直在德国设计界有所讨论，1907年就提出"好的形式"概念。穆特修斯认为好的形式是"自动出现的形式"；密斯认为"少就是多"；迪特·拉姆斯认为"最好的设计就是最少的设计"。色彩多用黑、白、灰等颜色，没有装饰，被称为新功能主义（图7-7）。德国设计追求的最高目标是具有理性主义特征的优良设计。20世纪80年代以来，由于市场竞争，一些公司开始注重设计的形式因素。受日本、美国的影响，设计沿着两条道路前进：德国理性主义设计，面向本国和欧洲市场；国际主义、前卫风格、商业风格的设计，面向国际市场。

在20世纪70年代，拉姆斯曾提出了可持续发展的设计概念，并认为"容易过时的设计是犯罪"。他由此提

图7-7 TP1电唱机收音机组合

出了"什么是好的设计"这个问题，于是产生了他的设计观"设计十诫"：好的设计是创新的；好的设计是实用的；好的设计是唯美的；好的设计让产品易于理解；好的设计是谦虚的；好的设计是诚实的；好的设计坚固耐用；好的设计执着细节；好的设计是环保的；好的设计是极简的。

德国是一个善于理性思考的国家，这种理性的思考应用在设计上就形成了德国的设计风格。无论是战前包豪斯的探索，还是战后乌尔姆设计学院和博朗公司，甚至到了个性化消费和时尚主义设计艺术的20世纪80年代，德国始终是现代理性主义设计艺术的国家。但是德国的产品过多地强调科学性和合理性而忽视了设计还涉及多元文化、消费环境和不同消费需求等多种因素，使其无装饰的设计风格日趋受到消费者的批评。

德国的设计师们认为设计可以使无序的世界变的有序，他们的设计哲学是"清除我们生活中的无序和混乱"，他们所设计出来的生活方式是重功能的、重技术的、强调系统性和秩序感的。德国的设计几乎完全摒弃了传统的装饰，而从造型和功能上获得美感。德国的设计重视产品的质量，"德国制造"在国际市场上意味着品质保证。他们善于利用科学技术，强调设计的秩序感、逻辑性和标准化，他们还提出了系统化的设计观念，强调设计的统一性和连续性。他们的设计是通过把混乱的现象秩序化和规范化，将产品造型归纳为有序的、可组合的几何形态，取得均衡、简练和单纯化的逻辑效果。德国还是最早提出"绿色设计"的国家之一，重视环境保护成为德国20世纪80年代设计的重要内容。德国的设计品质精良，但因为过于理性，而被人们认为少了一分人情味，多了几分机械化的冷漠感。

博朗SK2收音机（图7-8）诞生于1959年，是工业设计史上的经典之作，外形设计简约，完全符合包豪斯风格，在后来的收音机设计中，基本都采用了这种款式，这款设计也奠定了博朗公司在电器行业的地位。设计于1956年的唱机SK4（图7-9）结合了收音机和留声机，作为最早的组合音响，典雅敦实、剔除虚饰，一个全封闭白色金属外壳，加上一个有机玻璃的盖子，被称为"白雪公主之匣"，是德国博朗公司非常传奇的设计作品。

图7-8　博朗SK2收音机

图7-9　唱机SK4

博朗（Braun）是国际知名的小电器品牌，它良好的功能性与可靠的稳定性代表了"德国制造"的优良品质。虽然博朗公司已走过几十年的发展历程，但"功能、质量和审美"的核心价值理念却从未发生改变。因此博朗公司的很多产品都是极简的经典款，且博朗公司的这些理念对苹果公司产生了深远的影响。苹果公司的很多产品不论是外在还是内在，几乎与其一脉相承。事实上，就连乔布斯和苹果公司总设计师乔纳森·伊夫（Jonathan Ive）都承认受到迪特·拉姆斯的影响，才会出现产品外观上的相似。在工业设计纪录片《设计面面观》当中，迪特·拉姆斯表示苹果公司是唯一遵循他的"好的设计"原则去设计产品的公司，表明了他对于苹果公司丝毫没有"被抄袭"的态度（图7-10至图7-13）。

图7-10　博朗T3袖珍收音机与IPod

图7-11　博朗T1000收音机和苹果PowerPC G5

图7-12　苹果第一代iPhone的计算器界面和博朗ET44计算器

图7-13　博朗LE1扬声器和苹果 iMac

乔布斯曾在《连线》杂志透露过他与妻子为家里添置洗衣机的过程——乔布斯曾花费2周时间对比美国与欧洲洗衣机的效果，最终买了一台德国制造的美诺（Miele）洗衣机，他曾说过："它带给我的兴奋感超过了多年来我使用的任何高科技产品。"没有人会想到，乔布斯当年选中的这款德国货前身竟是一台奶油分离器。这个德国老品牌美诺承袭了"德国制造"一贯的设计精神与品质哲学,百年的历史更让它深谙生活之道,几乎解决了全人类面临的居家难题。

品牌创立者Carl Miele和Reinhard Zinkann在德国美诺于1899年创立之时便在制造的第一台机器上铭刻下了"Immer besser"(不断超越),这至今仍被德国美诺奉为品牌信念。美诺一向不追求市场占有率的最大化,但又特别重视产品的特别化与独特感,以及更人性化的智能操作界面,被誉为"设计界的奥斯卡"的德国iF设计奖与德国红点设计大奖也多次点名美诺。iF首席执行官Ralph Wiegmann曾说过:"设计如果缺乏功能性就不是设计,具备功能性是设计的基本前提。"

在2018年第57届米兰国际家具展上,美诺带来了未来厨房设计的全新理念以及有史以来最具创意的烹饪设备美诺厨房用具Dialog Oven(图7-14)。它的技术将在烹饪中重构食材分子,根据食物消耗能量的反馈信息来调整烹饪,就算是将食材放入冰块中,也能让热量从核心传导到边缘,而不造成损失。相比传统烹饪方法,它最多可节约70%的时间,你只需一次操作即可获得美味食品。

图7-14 美诺厨房用具Dialog Oven

从20世纪70年代开始,德国在绿色设计的理论和实践方面始终保持领先的地位,传统设计思想中对于人类自身从整体到个体的生存状态的关注,在后工业时代自然延伸出一种对于环境、资源和生态由衷的关注。

绿色设计不是一种具体的设计风格或流派,而是一种设计理念和思想,它着眼于人与自然的平衡关系,强调设计过程中对环境效益的充分考虑,以期达到在满足人类生存和发展基本需求的前提下最大限度地节约资源和能源,最大限度地减少污染。德国设计所固有的文化背景和理性功能主义的精神实质决定了德意志对于绿色设计的必然选择。

第二节　美国现代设计

如果说德国对于设计的最大贡献是建立了现代设计的理论和教育体系，那么美国最突出的贡献就是发展了工业设计，并把工业设计职业化。美国的工业科技发达、经济体系成熟，是世界上第一个把工业设计变成一门独立职业的国家，这使得美国的工业设计比世界上任何一个国家都发展的迅速和成熟。

美国设计的经历过程与美国其他文化的发展过程相比较，其中一个相似之处就是大众化和精英化两者并行发展。美国分权、民主的背景使得大众文化有很大的影响力，因而设计上的高低并行方式是美国设计的一个主要特点。纵观美国现代设计的发展，其特点是主张向多元化发展，反对单一风格垄断，强调设计的幽默化且高度商业化。

随着美国产业布局和结构的巨大变化，美国设计的重点发生转移，工业设计逐步变为综合设计，高科技产品的日用品化、时尚化和家用产品的智能化走向"全设计"和可持续设计，并且时尚设计异军突起。美国以科技和时尚为启发的未来设计潮流走在国际前沿。凯瑞姆·瑞席（Karim rashid）为当前美国工业设计界最耀眼的明星，所跨足的设计领域极其广泛（图7-15）。他获得过德国红点设计大奖、I.D.杂志年度设计奖、IDSA优秀设计奖等，他是美国《Time》、纽约《时代周报》、《GQ》的宠儿。他的设计包罗万象，从休闲椅设计（图7-16）到香水包装设计（图7-17），从灯具设计（图7-18）到厨房用品设计（图7-19），作品清新、多变、性感、收放自如，被人称作塑胶诗人、设计鬼才，时而可爱有趣，时而梦幻性感，你永远无法猜出他的下一个作品会是什么样。

图7-15　凯瑞姆·瑞席

图7-16　休闲椅设计

图7-17　香水包装设计

图7-18　灯具设计

图7-19　厨房用品设计

《时代》周刊将马克·纽森（Marc Newson）当代最受欢迎的工业设计大师评选为全球最具有影响力的百人之一，当代最受欢迎的工业设计大师，称他为"一个为世界制造梦幻曲线的人"（图7-20）。2014年9月他加盟苹果公司，担任乔纳森·艾维团队的高级设计副总裁。他以子宫内的胎儿为原型，与三只脚的玩味设计，并采用聚氨酯泡棉和柔软的织布，制成这张舒适且辨识度高的造型椅（图7-21）。2007年，他设计的落地灯其柔和的灯光效果为房间新添彩虹的步调（图7-22）。除此之外他还设计了鞋子（图7-23）和照相机（图7-24）等产品，永不停息地探索设计的奥秘。

图7-20　马克·纽森

图7-21　胚胎椅

图7-22　落地灯

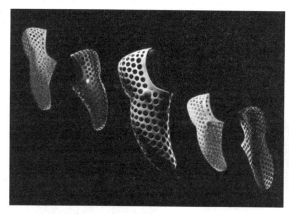

图7-23　鞋子

图7-24　照相机

如果说乔布斯用"一款革命性的手机"开创了一个全新的智能手机时代的话，那么乔纳森·伊夫（图7-25）则是缔造"苹果神话"的幕后功臣。作为苹果公司的首席设计师，他主导了从第一代iMac桌面计算机、iPod、iPhone到iPad的一系列苹果产品的设计，他用简洁的设计理念赋予了电子产品科技与艺术相结合的气息，奠定了苹果产品在消费者心中不败的"偶像"地位。

Jacob Nitz是来自美国芝加哥的家具和

图7-25　乔纳森·伊夫

产品设计师（图7-26）。作为美国新星设计代表，他坚持以极简主义为设计原则，如他设计的Contour Lamp台灯（图7-27），其极简的线条清晰明了地勾勒出轮廓，即使由单一的钢管构成，也能支撑主要结构，让房间更有空间感。而Hysa椅子的设计（图7-28），是传统工艺与现代工艺的平衡，木质的框架有斯堪的纳维亚的设计风格，而金属框架的变化唤起了世纪中叶的灵感，无论是放在公众场所还是放在温馨的家庭环境，都是那么的和谐。

图7-26　Jacob Nitz

图7-27　Contour Lamp台灯

图7-28　Hysa椅子

　　美国设计之所以呈现出如此多样的风格，是因为美国是一个由多民族组成的经济高度发达的国家，社会结构复杂、种族结构复杂、经济结构复杂；他们天性乐观、包容性强、幽默风趣，这种民族心态自然地从设计上表现出来。美国同时又是一个高度民主的国家，他们认为设计应该是为大众服务的，是可以共享的，各国的设计运动在美国的设计上都有所体现，任何设计风格和方式在美国都存在，但是却没有任何一种风格能够完全征服美国。如今的美国顶尖设计师云集，依然是许多设计师向往的自由世界，美国的设计也是值得我们借鉴学习的。

第三节　北欧现代设计

　　北欧斯堪的纳维亚国家（包括丹麦、瑞典、挪威、芬兰、冰岛五国）地处北极圈附近，冬天和黑夜都很漫长。由于其独特的地理位置和气候因素，以及悠久的民族文化艺术传统，北欧各国在艺术设计领域一直保持着自己的艺术特色和人文精神，逐步形成了北欧设计风格。

　　北欧设计风格将现代主义设计思想与传统的设计文化相结合，既注重产品的实用功能，又强调设计中的人文因素，避免过于刻板和严酷的几何形式，从而产生了一种简约、现代化而又富有人情味的现代美学，受到人们的广泛好评。北欧设计以简练明晰、和谐优雅的民族姿态活跃在设计的舞台上，是世界艺术设计王国中一道独特的风景。北欧的设计风格回归自然，崇尚原木韵味，外加现代、实用、精美的艺术设计风格，反映出现代都市人进入后现代社会的思考方向。

　　"为大众设计"这一理念在北欧设计界深入人心。设计师从人性化的角度出发，将注意力更多地聚焦于生活用品之上，并希望通过良好的设计、运用合适的材料和技术手段来使产品不仅具有合理的功能性，而且在视觉和心理上都给人以美的享受，以此来更好地提升公众的生活质量。他们在室内设计中延续了手工艺的艺术及设计文脉、与自然相和谐的审美态度，强调民主、自然、和谐、朴实之美，是注重人情味的人性化设计。

提到北欧设计风格，人们的第一印象往往就是以黑、白、灰配色为主的产品与装饰风格，在外形上追求极致的简约。而近年来，北欧设计风格已经逐渐褪去了其被"性冷淡"过度装饰的外衣，显得更加多元化。

1999年，成立于丹麦的家具品牌Bolia可谓是当今北欧设计风格中的一颗新星。作为一个年轻的品牌，Bolia却很快因其令人惊艳的创造力和新奇的设计特点被定义为"新北欧主义"。Bolia着迷于天然材质所独有的美感，在产品中多选用天然材质并展现材质本身的特性。同时Bolia还热衷于将不同色彩尽情挥洒，幻化为其独具风格的家具和饰品，为生活空间带来令人耳目一新的感官体验。如果说IKEA是北欧风格爱好者的大众情人，那么Bolia就是追求高雅、舒适和极具北欧现代风格家具控的新宠。其代表作品有Pop Pendant吊灯（图7-29）、Bronco花瓶（图7-30）、Collina托盘（图7-31）等。

图7-29 Pop Pendant吊灯

图7-30 Bronco 花瓶

图7-31 Collina托盘

与Bolia品牌相似的还有同样身为年轻丹麦新锐品牌的Aytm，Aytm由Kathrine和Per Gran Hartvigsen夫妇于2015年共同建立。不同于传统北欧设计风格的极简主义，Aytm展示了北欧设计张扬的一面，闪耀的黄铜与深咖色玻璃，让人眼花缭乱，却有着注重高品质和精致细节的设计。这样与众不同的北欧设计，通过不同的角度诠释了丹麦设计的热情与个性，让人过目难忘。其代表作品有Globe系列花瓶（图7-32）、Total系列黄铜/玻璃储物罐（图7-33）、Vitta系列木质黄铜托盘（图7-34）等。

图7-32 Globe系列花瓶

图7-33 Total系列黄铜/玻璃储物罐

图7-34 Vitta系列木质黄铜托盘

创立于2005年的丹麦年轻品牌ferm Living（图7-35），在众多主打简洁清新风格的北欧家居中，通过活跃的色彩诠释了不一样的现代北欧设计。ferm Living的产品覆盖到家居生活的方方面面，床上用品、布艺纺织品、家居摆件、厨房用具等生活好物应有尽有，旨在打造一种完整美好的家居生活。同时 ferm Living 擅长于颜色的搭配，能在各种颜色中游刃有余地来回穿梭，使得产品炫彩而不纷杂，清新而又富有朝气，从多彩的角度诠释对积极乐观生活的向往。其产品线条简洁硬朗，大量色块拼接与几何的碰撞，低饱和度的配色柔和又清新，沿袭了斯堪的纳维亚设计传统和复古魅力，是一个很典型的北欧设计品牌。其代表作品有哥本哈根桌布（图7-36）、抱枕系列（图7-37）等。

图7-35　ferm Living 标志

图7-36　哥本哈根桌布

图7-37　抱枕

北欧设计风格在当今世界深受各国人民的喜爱，传承着北欧设计风格的家居巨头宜家家居"IKEA"（图7-38）、"HAY"家具（图7-39）等企业也在世界各地开枝散叶，进一步将北欧"为大众设计"的设计理念播撒向全世界。

图7-38　宜家家居

图7-39　"HAY"家居产品

IKEA是来自瑞典的全球知名家居零售商，互为和谐的产品系列在功能和风格上可谓种类繁多。IKEA致力于为所有人提供家居产品和解决方案，并以大众创造更美好的日常生活为理念，深受不同人群的喜爱。

HAY是近几年国内设计师们最热衷谈论的几个北欧设计品牌之一，俨然已经成为北欧风格的代表。它用简洁流畅的线条，明媚而不过度饱和的色彩，征服了我国市场的审美。不仅如此，HAY还以"你是否愿意与它共同生活很多年"为设计宗旨，对品质的要求精益求精。他们坚信一个有设计、有质量的产品，才会让你的钱花得其所。

北欧设计风格除了在家居设计领域具有杰出的贡献外，在产品设计以及室内设计等领域中也有着不可磨灭的影响。

丹麦皇家音响品牌"Bang&Olufsen"一直以创造充分代表卓越科技和感性魅力的独特产品闻名，"与他人有别"是"Bang&Olufsen"最大的创意。设计师旨在使产品融入家庭，让音响可以参照家具般摆设，成为家庭中的一部分。每一件"Bang&Olufsen"的产品都象征着科技与设计的和谐与平衡，兼具了北欧民族特色的空灵、纯净的造型设计走向以及简约、优雅的造型设计，这一切都是为了提高用户的人生享受而创造。其代表作品有"BeoPlay A9"系列产品和"BeoSound"系列产品（图7-40和图7-41）。

图7-40　BeoPlay A9系列产品

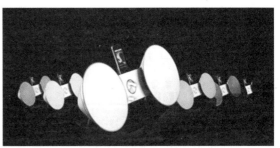

图7-41　"BeoSound"系列产品

在室内设计领域北欧风格注重人与自然、社会、环境的科学有机结合，其中体现了绿色设计、环保设计、可持续发展设计的理念，并展示了对手工艺传统和天然材料的尊重与偏爱。北欧风格的室内设计在形式上更为柔和，具有浓厚的人情味，同时具有注重功能、简化设计、多用明快的中性色等特点（图7-42和图7-43）。

图7-42　北欧室内设计（一）

图7-43　北欧室内设计（二）

对Bang&Olufsen而言，设计不是一个美学问题，它是一种有效的媒介，通过这种媒介，产品就能将自身的理念、内涵和功能表达出来。因此基本性和简洁性应是产品设计的两个非常重要的原则。产品的操作必须限制在基本功能的范围内,去掉一切不必要的装饰。密斯的"少就是多"的法则在Bang & Olufsen设计中得到了充分的实现。

第四节　意大利现代设计

作为文艺复兴的发源地,意大利设计蓬勃兴盛,第二次世界大战后其设计发展被称为"现代文艺复兴"。20世纪40年代后"意大利风格"作为一个代表特殊风格的专有名词出现。意大利风格既不同于美国设计,也不同于北欧设计,意大利风格源于古罗马,后发展成为对人的尊严和对科学价值的觉醒。文艺复兴时期开始强调"世俗性",现代的意大利风格不仅拥有正宗的欧洲古典风格气息,同时也具有现代设计的活力,实用性方面也大大加强。

意大利人崇尚随性自由、艺术的生活,这一民族特点在意大利设计中融合得淋漓尽致——意大利的设计师在每一件设计作品中,都有对于潮流、民族特征、个人才能等的融合。设计与艺术源于生活,服务于生活,又影响着生活。他们的设计是传统工艺、现代思维、个人才能、自然材料、现代工艺、新材料等的综合体。

B&B公司成立于1966年,是一家老牌意大利家居公司。旗下拥有众多各个时期和风格的家具,产品包括沙发、椅子、桌子、床以及各种配件。该公司拥有扎哈、大卫·奇普菲尔德这样的建筑大师,同时拥有大量的马里奥·贝里尼这样的本土设计师。其风格多样,产品众多。公司的代表作品有Michel沙发(图7-44)、Link桌(图7-45)、Mart休闲椅(图7-46)和Landscape椅(图7-47)。

图7-44　Michel沙发

图7-45　Link桌

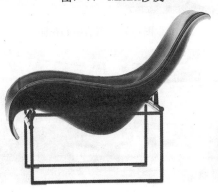

图7-46　Mart休闲椅

图7-47　Landscape椅

位于米兰的阿莱西公司成立于20世纪20年代，到了20世纪80—90年代公司因其极具个性化和普及性的产品设计而享誉全球。阿莱西公司旗下拥有阿希里·卡斯特里尼、菲利普·斯塔克、理查德·萨伯、米歇尔·格兰乌斯、弗兰克·盖瑞等著名设计师，设计出了包括外星人榨汁机（图7-48）、安娜开瓶器（图7-49）等经典的设计作品。其总裁阿尔贝托·阿莱西说："真正的设计是要打动人的，它能传递情感、勾起回忆、给人惊喜，好的设计就是一首关于人生的诗，它会把人们带入深层次的思考境地。"这也是阿莱西公司一直以来秉承的设计原则。

图7-48　外星人榨汁机　　图7-49　安娜开瓶器

在建筑和室内设计方面，意大利设计师一直有其独特的思考。位于米兰的麦格纳巴斯套房酒店（图7-50至图7-52）曾经是一个香氛工厂的厂房，20世纪90年代改变成一个活动场所，20年后扩建成现在的麦格纳巴斯套房酒店。改造扩建项目以简单的三种材料即不锈钢、实木与玻璃来完成整个扩建的室内项目，并启用了技能与采暖的照明方案。整个建筑楼群围绕一个中心花园的格局是米兰老式建筑的传统手法，扩建部分与原有楼梯通过通透的墙体形成了一个融合体，使得新楼与旧楼和谐地融合在一起，楼体外立面的处理手法也是一面带有几何感的砖头和钢丝框架的组合，隐约的透视效果使建筑群与街道相呼应。

图7-51　酒店中心花园

图7-50　酒店外立面　　　　　　　　图7-52　酒店餐厅

在意大利现代设计师中，有一位充满活力的年轻设计大师——莫罗·里帕里尼（Mauro Lipparini）（图7-53）。他的设计注重空间和形状，运用简约轻快的线条，做有蓬勃生机的设计；他擅长运用色彩和丰富的想象力来编织和拓展简约风格的内涵，以具有强烈质感的创意为人们开创出一个新的审美世界。莫罗·里帕里尼的作品大部分属于工业设计领域，包括家具、办公用具、纺织品的设计。在建筑业和室内设计领域中，里帕里尼的工作主要集中于私人住宅、公共建筑和大品牌的展示厅，他还为欧洲的名门望族设计私人俱乐部和别墅。同时他还提供前沿的公司建筑服务，包括美术设计、建筑评论、全方位生产、产品应用等。

图7-53　莫罗·里帕里尼

他创造出许多成功的作品，如格罗塞托体育场的屋顶、日本长崎和佐世保的Touei公寓塔楼、上海天地外滩六号餐厅（图7-54）和皇家花园住宅（图7-55）、画谜系列茶几（图7-56）、木星扶手椅（图7-57）等。

图7-54　上海天地外滩六号餐厅

图7-55　上海天地外滩皇家花园住宅

图7-56　画谜系列茶几

图7-57　木星扶手椅

除此之外，还有像阿切勒·卡斯蒂格利奥尼（Achille Castiglioni）、吉奥·彭蒂（Giò Ponti）、安东尼奥·奇特里奥（Antonio Citterio）、法比奥·诺文布雷（Fabio Novembre）、卡洛·斯卡帕（Carlo Scarpa）等，他们都在用自己的设计语言，从不同的角度描绘他们理解中的现代意大利风格，为意大利设计的发展添砖加瓦。

设计的发展需要一代一代设计师的努力，一个设计能力强大的国家自然少不了培养杰出设计师的优秀设计学院，意大利也是如此。

意大利多莫斯设计学院，创建于1982年，被称为是后工业化时代欧洲最著名的设计学院。多莫斯设计学院既是一所研究生学院，也是一个专注于设计、美学和设计营销的研究型实验室。多莫斯设计学院一直与意大利设计行业保持着密切的联系，以"意大利制造"设计风格享誉全球设计界。多莫斯设计学院以人性化的技术角度对设计与时尚的关系进行了深入研究，以社会学的反思理念对设计管理和设计服务进行了有效的探索。多莫斯设计学院师资力量丰厚，拥有菲利普·斯塔克、安德里亚·布兰兹、安东尼·阿斯托莉等一批著名的设计大师任教。

另外还有马兰欧尼时装设计学院、米兰新美术学院、米兰布雷拉美术学院、佛罗伦萨国立美术学院、米兰理工大学等也在为意大利设计的发展输送着能量。

第八章 非物质理念下的设计

20世纪90年代，随着计算机技术、多媒体技术和互联网技术的快速发展和日渐普及，远程通信和电子技术服务让交流空前频繁，社会的面貌、人们的消费观念乃至产品的生产、销售以及流通方式等在无形中发生了巨大的变化，社会上出现了电子商务、网络经济、虚拟设计等具有时代特色的新名词，人类进入了所谓的"信息社会"。信息是非物质的，信息社会其实就是所谓的"非物质社会"。对于设计而言，信息社会时代下，计算机和网络提供了新的设计空间，虚拟化、数字化、网络化成为一种设计媒介或手段。在这种新的设计方式之下，设计的定义、范围、形式、目的、教育等方面都产生了一系列新的变化，即"非物质设计"，它是凭借着数字化技术基础之上的基于服务的设计。

第一节 非物质设计概述

非物质这一概念的提出主要受西方历史学家阿诺尔德·汤因比（Arnold Toynbee）的启示。汤因比认为人类将无生命和未加工的物质转化成工具，并给予它们以未加工的物质从未有过的功能和样式，功能和样式是非物质性的，正是通过物质，它们才被制造成非物质性的。

"物质"前加一个"非"字并不表示"非物质"是"物质"的简单反义词。物质性的表达是社会工业化的产物，工业化建立起来的社会是一个"基于物质产品生产和制造的社会"，以物质的"数"和"量"为社会进步的标志。"非物质"这个概念表达了设计发展的新趋势：从有形到无形、从实物向虚拟、从物到非物的转变，追求产品的个性化与功能化，力图以更少的资源消耗和物质产出，达到发展的目的。

在非物质设计中，如手机的电话簿功能、短信功能已经没有了传统电话本、信件的物质属性，却能享受到它们的超级功能。还有目前先进的触摸式影像计算机桌面系统（图8-1），人们在脱离显示器、鼠标的情况下也能轻松操作。可见在信息时代里，智能产品的功能和形式的非物质成分越加突出，不像工业社会的传统产品那样，是一件明摆在我们面前，任我们去解释的东西，转而成为一种纯粹的功能或"超功能"的实体。非物质设计的重心已经不再是有形的物质产品，而是逐渐向一种"抽象"的关系转移，如人机对话关系，它使产品的形式与功能在设计符号中合二为一，从一种有形的东西延伸到无形的人机对话中。产品的形式再也不是传统意义上的物质化表达，形式也可以与物质分离，即非物质语境下的设计使产品的形式非物质化，如功能定义与现实虚拟化、形态与界面信息化、资源共享化。

图8-1　"Surface"系列平板计算机的触控屏幕

西方设计界在20世纪80年代开始研讨向后工业社会的设计过渡问题。例如，在美国西北大学召开的国际性学术研讨会，以"设计、技术和后工业社会的未来"为研究主题，探讨了数码电子设备促进设计、制造业信息化等变革问题。进入20世纪90年代，数字编程引领的具有非物质特性的设计开始成为中心话题，例如网络界面设计、电子空间虚拟化设计等。法国社会学家马克·第亚尼（Marco Diani）于1992年主编了《非物质社会——后工业世界的设计、文化与技术》一书，收录了当代西方文坛上的文化名人、著名设计学家和科学家对"后现代社会"及其"非物质性"做出深刻见解的文章，创作了一部极有分量的论文集。1995年3月，国际工业设计学术会议在丹麦召开，中心主题就是"精神高于物质——有限物质时代下的非物质设计"，引起了各界的广大关注，在设计界更是影响盛大，在此次会议上许多国家的各领域专家对于非物质的研究提出了自己的见解，并编辑成论文广泛传播。

同时，进入后工业社会后，资源环境的可持续发展以及社会效应等外在因素对于设计的影响日趋重要，同时产品在坚持以人为本的设计原则的基础上需要对产品的非物质因素进行重建。为系统地解决人类所面临的资源、环境等问题，同时做到最大限度的人性化，就必须进行更广泛、更系统地研究。这些都促使围绕以"非物质设计"为中心的设计概念开始被设计师逐渐认同，提出了基于电子信息空间的虚拟化设计、信息设计、网络界面设计等"非物质设计"的核心概念。

2001年2月由湖南大学工业设计系、南京艺术学院、中国工业设计协会联合在湖南长沙举办了"非物质设计与可持续发展的工业设计道路论坛"，对非物质设计进行了第一次研讨。非物质设计在国际设计理论界亦属"前卫"，目前还没有被大多数设计者理解，它本身还具有相当多的歧义和理想色彩。在我国，理解和接受非物质设计更有其特殊性和困难之处，在一个物质需求仍然很迫切的社会，倡导设计的服务价值和其他非物质的属性似乎还有很长的一段路要走，但这种设计及其包含的思想在生活中却已经开始逐步出现，例如北京现在推行的单车租赁业务将覆盖多条地铁线，公共单车不仅可以解决市民短距离高效出行的问题，还可为环保做出贡献。

非物质设计是以信息设计为主的设计，是基于服务的设计。在信息社会，社会生产、经济、文化的各个层面都发生了重大变化，这些变化反映了从一个基于制造和生产物质产品的社会向一个基于服务的经济性社会转变。这种转变，不仅扩大了设计的范围，设计的功能和社会作用大大增强，而且导致了设计思维的变化。例如，为银行系统提供服务设计时，设计方案还涉及人机互动的界面、信息的内部交流、传输等因素（图8-2）。非物质主义设计是一个以提供服务和非物质产品的设计状态，是以"非物质"这个概念来表达未来设计发展的总趋势即从物的设计转变为非物质的设计、从产品的设计转变为服务的设计、从占有产品转变为共享服务。

非物质主义不拘泥于特定的技术、材料，而是对人类生活和消费方式进行重新规划，在更高层次上理解产品和服务，突破传统设计的作用领域去研究"人与非物质"的关系，力图以更少的资源消耗和物质产出保证生活质量，以达到可持续发展的目的。

从物质时代（包括手工业时代与机器时代）到非物质时代，产品的设计方式、存在形态和主导价值都发生了深刻的变化：

（1）手工业时代：物质设计（实物形态设计、纯手工造物）→物化手工产品形态→以机能价值为主。

（2）机器时代：物质设计（实物形态设计、机器生产）→物化机器产品形态→以机能价值为主，略带某种情绪价值。

（3）非物质时代：物质设计与非物质设计共存（机器化与数字化生产方式并存）→工业实物产品与软件产品（虚拟化、信息化、网络界面化产品）共存→以高科技为依托的个人综合情绪价值表现。

这正反映了由工业社会进入后工业社会设计理念及元素的变化（图8-3）。

非物质主义设计理念倡导的是资源共享，其消费的是服务而不是单个产品本身。目前我们的生活方式是以产品消费为主流，其做法是：生产者生产和销售产品，用户购

图8-2　银行服务系统界面

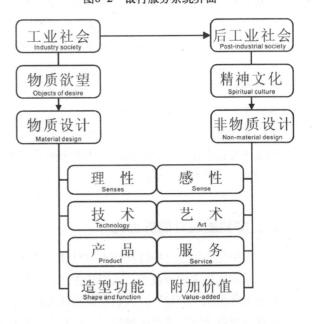

图8-3　物质设计与非物质设计比较

买后使用产品并得到服务，产品寿命终结将其废弃。非物质主义的做法是：生产者承担生产、维护、更新换代和回收产品的全过程。用户选择产品、使用产品，按服务量付费。整个过程是以产品为基础，以服务为中心的消费模式。例如，欧洲流行的为单身公寓提供的家具及生活用品的租赁服务，通过只提供功能的服务而非出售产品来达到资源共享及循环利用寻求最低程度的资源消耗。日本GR地铁公司设计了一种快速地铁＋出租＋自行车的交通服务方式，为乘客提供了人性化的、灵活快捷的交通条件。

另外，一些城市在社区建立了亲子中心，中心集中各类适合各年龄段孩子玩的潮流玩具，并提供租赁服务，家长可以和孩子一起来玩或是让孩子在工作人员的照看下玩。这样一来家长只需要花少量的钱就可以让孩子玩各种不同的时尚玩具，这种服务系统在一定的范围内形成了资源的循环利用，是一种典型的非物质设计。

第二节　非物质设计的特征

一、非物质设计的超级化

对于信息社会中的非物质设计来讲，物质并非是功能的必然载体。如电子邮件的发送与接收、文件在计算机中的复制、粘贴，人们看到的只是信息的数字化表现，虽然需要借助计算机等物质形式，但是这种形式和符号本身与功能已经不再是原有的依托关系，这里的信封、信纸、文件夹等物质形式已经不存在了，但人们却能享受高科技产品所提供的信息服务。形式的非物质化、功能超级化与产品智能化使物品的表面形式已与其功能实体相对分离。声音可以代替键盘，感触器可以识别出手掌等"肢体语言"都是非物质设计。

技术的突破使得大量产品的类别与表面形式日渐模糊，智能技术的发展使产品正在以一种更加有机的方式形成一种与人"共生"的关系，这种"共生"关系的设计使产品功能从有形物品转移到人机交互对话之中。产品功能也成为一种"超级化"，并更多地以"非物质"形式表现出来。

美国微软公司是非物质设计的一个典型代表，如其所生产的Windows系统软件虽然在物质的量上显得微不足道，但微软公司遍及世界的服务在为全世界的人们带来服务的同时也为微软公司创造了巨大的效益。

二、非物质设计的界面化

信息化界面设计的过程是人与机器的信息传达与交流过程。信息是人类活动的一个重要方面，信息的迅速发展改变了人们的生活与工作方式。产品的人机界面是人与产品进行信息交流和相互作用的"窗口"。人机界面的研究已成为非物质社会产品设计的核心内容。产品的人机界面承载着大部分的产品属性，在信息交互过程中完成对产品各层次功能的实现。人机界面设计随着计算机信息技术和数字类消费产品的发展而得到了极大丰富。界面的本质就是信息交互作用的环境，研究界面信息的认知和设计、搭建人机界面基本构架、充分重视界面设计的非物质因素（图8-4），是人机界面化设计成功的关键。

三、非物质设计的虚拟化

由于高科技所带来的数字化技术的渗入，设计师凭借着计算机所提供的新空间，以虚拟化、数字化、网络化为设计媒介或手段与新技术相匹配进行设计。如通过计算机辅助设计（CAD）、计算机辅助工程（CAE）、计算机辅助制造（CAM）、计算机辅助工艺（CAPP）等实现的"灵境"技术，主要就是以"三维计算机图像"模拟真实并实现交互设计，在计算机中逼真地模拟人在自然、工作环境中的各种活动状态，对设计信息进行动态控制，虚拟出设计过程，甚至虚拟出产品的消费与消耗过程。虚拟化设计并不脱离制造环境却相对摆脱了现实世界的物理定律的约束，提高了设计的安全性、经济性并缩短了设计周期，通过虚拟现实技术实现产品设计的完美性与合理性。在非物质社会，虚拟化设计是进行产品设计研究的有效方法。

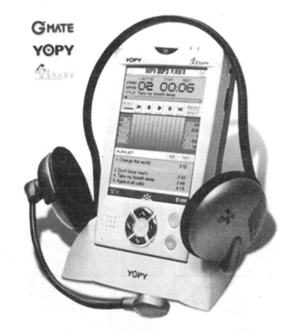

图8-4　Yopy的人机界面

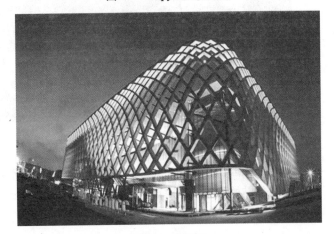

图8-5　法国馆

2010年，法国馆携手达索系统，在上海推出了全球第一个真正实现全3D实时互动体验的参展方虚拟展馆（图8-5）。3D虚拟场馆中除了重现世博会法国馆内的布局，还利用3D技术，实现360°空间游历，并能够与参观者完成互动。例如，参观者可以借助鼠标，"走进"《餐点》等名家名作，"穿梭"其中并聆听作品介绍，是世博会158年来的第一个全3D互动虚拟场馆。

四、非物质设计的情感化和体验化

非物质设计强调对设计对象的互动性和体验性，它汲取了多种艺术的表现形式，集图像、声音、文字于一体。由于非物质设计对象的立体化与网络化，设计增强了人与机器之间的交流与互动，进而增加了人们的情感化体验。现在虚拟博物馆建设（图8-6）已不仅仅是单纯产品的摆设和图片的展示,而是通过声、光、电等立体组合,模拟出一套完善的电子方案,让人有一种身临其境的感觉。当游客来到手工艺时代的陶器展时,看到的可能不只是一个孤零零玻璃罩内的陶器,非物质设计会在玻璃罩上做一些互动设计,当你触动玻璃罩上的某个按钮,它会通过电影的形式给你展现一段视频,让你了解陶器的整个生产过程,通过另一个按钮可以进行提问,智能机器人会给你答复,让你了解你想要了解的东西,通过各种互动的形式,让你感觉回到了陶器时代,以立体的体验增加对陶器的了解。再如世博会上展示的互动触摸屏、生活中计算机里可调节的屏幕保护电子鱼,都可以通过操作来实现你的想法。

图8-6　我国虚拟科普博览馆体验

在韩国,具有时尚味道的情趣化设计通过在产品中融入非物质元素,从细节出发给予消费者更体贴的服务,在对产品进行设计的同时也设计了一种生活态度,让人在平淡的生活中可以感受到情感,在创造的过程中得到一种自我满足的快乐。

五、非物质设计的人性化

信息社会是非物质设计产生的直接动因,而人性化设计的兴起浪潮也对非物质设计产生了重要影响,设计从传统的静态、理性、单一、物质的创造向动态的、感性的、复合的、非物质的创造进行转变,设计中开始关注人们的情感化、个性化需求,追求超功能设计。注重对人的心理与生理研究、注重设计的信息交流沟通与互动、设计中融入人文与民族特色,都彰显了非物质设计以人为本的设计主题。

如色彩斑斓的IMAC计算机(图8-7)、德国的"新甲壳虫"(图8-8)汽车通过满足消费者的个性化需求,凸显了个人特有的艺术风格,是非物质设计所倡导的"以人为本"、突出服务功能及人们的精神需求的一种体现。

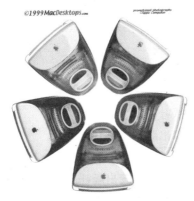

图8-7　IMAC计算机　　　　　　　　　图8-8　"新甲壳虫"

非物质设计除了以上特征，小巧、轻便、无污染的设计成为人们追求的新目标，并试图将这些功能融为一体。如在电子产品中以短、小、轻、薄理念进行设计，产品趋于隐藏化，满足了使用者对产品与空间的需求与个性安排。

近年来，非物质主义逐渐涉及多领域的非物质设计思潮及其设计课题成为热门话题。非物质设计理论的提出和确立，是当代设计发展的一个重要事件，是设计界的一个重要变革，是现代设计理论史上一座新的里程碑。

参考文献 References

[1] 何人可. 工业设计史[M]. 4版.北京：高等教育出版社，2010.
[2] 王受之. 世界现代设计史[M]. 2版.北京：中国青年出版社，2015.
[3] 高振平. 世界现代设计通鉴[M]. 上海：上海人民美术出版社，2015.
[4] 王震亚，赵鹏，高茜，等. 工业设计史[M]. 北京：高等教育出版社，2017.
[5] 李亮之. 世界工业设计史潮[M]. 北京：中国轻工业出版社，2006.
[6] 杨先艺. 设计史[M]. 北京：机械工业出版社，2011.
[7] 王敏. 西方工业设计史[M]. 重庆：重庆大学出版社，2013.
[8] 范圣玺，陈健. 中外艺术设计史[M]. 北京：中国建材工业出版社，2008.
[9] 卢永毅，罗小未. 产品设计现代生活：工业设计的发展历程[M]. 北京：中国建筑工业出版社，1995.
[10] 王雅儒. 工业设计史[M]. 北京：中国建筑工业出版社，2005.
[11] 黄虹，麦静虹. 工业设计史[M]. 北京：北京理工大学出版社，2007.
[12] 章曲，李强. 中外建筑史[M]. 北京：北京理工大学出版社，2009.
[13] 祝帅. 从"水晶宫"到"中国馆"[J]. 美术观察，2010（5）：28-29.
[14] 俞力. 水晶宫的故事——1851年英国伦敦第一届世界博览会[J]. 园林，2008（6）：15-17.
[15] 戴安琪. 浅析水晶宫对建筑设计的影响[J]. 大众文艺，2015（13）：74.
[16] 钱凤根，于晓红. 外国现代设计史[M]. 重庆：西南师范大学出版社，2007.
[17] 易晓. 北欧设计的风格与历程[M]. 武汉：武汉大学出版社，2005.
[18] 周浩明，方海. 现代家具设计大师——约里奥·库卡波罗[M]. 南京：东南大学出版社，2002.
[19] 王佳，高恩泽. 从北欧设计谈好设计[J]. 艺术与设计（理论），2008（2）：37-39.
[20] 许佳. 斯堪的纳维亚设计美学形态初探[J]. 东南大学学报（哲学社会科学版），2004（6）：88-90.
[21] [法]马克·第亚尼. 非物质社会——后工业世界的设计、文化与技术[M]. 滕守尧，译. 成都：四川人民出版社，1998.
[22] 李砚祖. 艺术设计概论[M]. 武汉：湖北美术出版社，2009.
[23] 高茜. 现代设计史[M]. 上海：华东理工大学出版社，2011.
[24] 胡天璇，曾山，王庆. 外国近现代史[M]. 北京：机械工业出版社，2012.